점프
왕수학

최상위 5%
도약을 위한

최상위

대한민국 수학학력평가의 새로운 기준!!

KMA
한국수학학력평가

|시험일자 상반기 | 매년 6월 셋째주
하반기 | 매년 11월 셋째주

|응시대상 초등 1년 ~ 중등 3년 (미취학생 및 상급학년 응시 가능)

|응시방법 KMA 홈페이지 접수 또는 각 지역별 학원접수처 방문 접수
성적우수자 특전 및 시상 내역 등 기타 자세한 사항은 KMA 홈페이지를 참조하세요.

홈페이지 바로가기
(www.kma-e.com)

▶ 본 평가는 100% 오프라인 평가입니다.

주최 | 한국수학학력평가연구원   주관 | ✔(주)에듀왕

점프

최상위 5%
도약을 위한

왕수학

최상위

2-2

구성과 특징

▎왕수학의 특징

1. 왕수학 개념+연산 → 왕수학 기본 → 왕수학 실력 → 점프 왕수학 최상위 순으로 단계별·난이도별 학습이 가능합니다.

2. 2022 개정교육과정 **100%** 반영하였습니다.

3. 기본 개념 정리와 개념을 익히는 **기본문제**를 수록하였습니다.

4. 문제 해결력을 키우는 다양한 **창의사고력** 문제를 수록하였습니다.

5. 논리력 향상을 위한 **서술형** 문제를 강화하였습니다.

STEP ③

왕문제

교과 내용 또는 교과서 밖에서 다루어지는 새로운 유형의 문제들을 폭넓게 다루어 교내의 각종 고사 및 경시대회에 대비하도록 하였습니다.

STEP ②

핵심응용하기

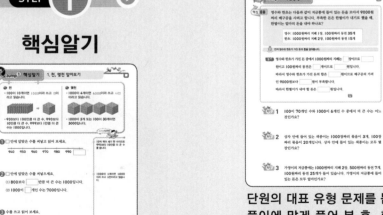

단원의 대표 유형 문제를 뽑아 풀이에 맞게 풀어 본 후, 확인 문제로 대표적인 유형을 확실하게 정복할 수 있도록 하였습니다.

STEP ①

핵심알기

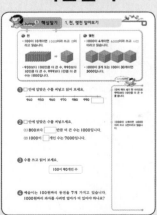

단원의 핵심 내용을 요약한 뒤 각 단원에 직접 연관된 정통적인 문제와 기본 원리를 묻는 문제들로 구성하고 'Jump 도우미'를 주어 기초를 확실하게 다지도록 하였습니다.

STEP **5**

영재교육원 입시대비문제

영재교육원 입시에 대한 기출
문제를 비교 분석한 후 꼭 필요한
문제들을 정리하여 풀어봄으로써
실전과 같은 연습을 통해 학생
들의 창의적 사고력을 향상시켜
실제 문제에 대비할 수 있게
하였습니다.

STEP **4**

왕중왕문제

국내 최고수준의 고난이도 문제들
특히 문제해결력 수준을 평가할 수
있는 양질의 문제만을 엄선하여
전국 경시대회, 세계수학올림피아드
등 수준 높은 대회에 나가서도 두려움
없이 문제를 풀 수 있게 하였습니다.

차례 | Contents

네 자리 수

💬 이야기 수학

🏠 자동차의 번호가 네 자리 수인 이유

사람이 한눈에 알아 볼 수 있는 수의 한계는 어디까지일까요?

다음 그림을 보고, '동그라미의 수는 몇 개일까요?'라고 묻는다면 누구나 한눈에 **3**개라고 대답할 것입니다.

그러나 다음 그림에서 '동그라미의 수는 몇 개일까요?'라고 물었을 때 한눈에 대답하기는 쉽지 않습니다.

사람은 대체로 네 자리 수까지는 한눈에 숫자의 개수와 각 자리의 숫자까지도 정확히 알아 볼 수 있다고 합니다. 따라서 우리 일상생활 속에서 외우고 있어야 할 자동차의 번호, 전화번호 등과 같이 중요한 수는 암기하기 쉽도록 **5**개보다 적은 숫자로 구성되어 있습니다.

천

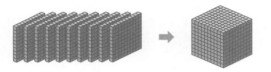

- 100이 10개이면 1000이라 쓰고 천이라고 읽습니다.

- 900보다 100만큼 더 큰 수, 990보다 10만큼 더 큰 수, 999보다 1만큼 더 큰 수는 1000입니다.

몇천

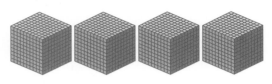

- 1000이 4개이면 4000이라 쓰고 사천이라고 읽습니다.

- 1000이 3개 또는 100이 30개이면 3000입니다.

❶ □ 안에 알맞은 수를 써넣고 읽어 보세요.

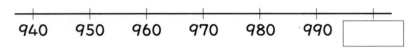

940　950　960　970　980　990　□

> ★ 10씩 뛰어 세기 한 수이므로 990보다 10만큼 더 큰 수를 씁니다.

❷ □ 안에 알맞은 수를 써넣으세요.

(1) 800보다 □ 만큼 더 큰 수는 1000입니다.

(2) 1000이 □ 개인 수는 7000입니다.

> ★ 1000이 ■개이면 ■000이라 쓰고 ■천이라고 읽습니다.

❸ 수를 쓰고 읽어 보세요.

> 100이 90개인 수

❹ 예슬이는 100원짜리 동전을 7개 가지고 있습니다. 1000원짜리 과자를 사려면 얼마가 더 있어야 하나요?

핵심 응용

영수와 한초는 다음과 같이 저금통에 들어 있는 돈을 모아서 **9000**원
짜리 배구공을 사려고 합니다. 부족한 돈은 한별이가 내기로 했을 때,
한별이는 얼마의 돈을 내야 하나요?

> 영수: **1000**원짜리 지폐 **1**장, **100**원짜리 동전 **35**개
> 한초: **1000**원짜리 지폐 **2**장, **100**원짜리 동전 **15**개

생각 열기 먼저 영수와 한초가 가진 돈의 합을 알아봅니다.

풀이 영수와 한초가 가진 돈 중에서 **1000**원짜리 지폐는 □장이므로 □

원이고 **100**원짜리 동전은 □개이므로 □원입니다.

따라서 영수와 한초가 가진 돈의 합은 □원이므로 배구공의 가격

인 **9000**원보다 □원이 부족합니다.

따라서 한별이가 내야 할 돈은 □원입니다.

답 _____

1 **100**이 **70**개인 수와 **1000**이 **6**개인 수 중에서 더 큰 수는 어느
것인가요?

2 상자 안에 들어 있는 색종이는 **1000**장짜리 묶음이 **3**개, **100**장
짜리 묶음이 **20**개입니다. 상자 안에 들어 있는 색종이는 모두 몇
장인가요?

3 가영이의 저금통에는 **1000**원짜리 지폐 **2**장, **500**원짜리 동전 **7**개,
100원짜리 동전 **25**개가 들어 있습니다. 가영이의 저금통에 들어
있는 돈은 모두 얼마인가요?

🌐 네 자리 수

1000이 **2**개, 100이 **3**개, 10이 **4**개, 1이 **7**개이면 **2347**이라 쓰고 이천삼백사십칠 이라고 읽습니다.

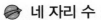

🌐 각 자리 숫자가 나타내는 값

· 3456에서
  3은 천의 자리 숫자이고 **3000**을,
  4는 백의 자리 숫자이고 **400**을,
  5는 십의 자리 숫자이고 **50**을,
  6은 일의 자리 숫자이고 **6**을
  나타냅니다.

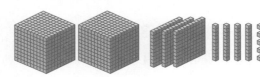

Jump 도우미

① 수로 나타내 보세요.

  (1) 이천육백사십일 ➡ (　　　　　　　　)

  (2) 칠천백사   ➡ (　　　　　　　　)

 천구백십육 ➡ 1916
     1　9　16

② 다음 수에서 ㉠과 ㉡의 숫자가 나타내는 값은 각각 얼마 인가요?

$$\underset{\substack{\uparrow \\ ㉠}}{7}\ 6\ \underset{\substack{\uparrow \\ ㉡}}{4\ 7}$$

    ㉠ : (　　　　　　), ㉡ : (　　　　　　)

⭐ ㉠은 천의 자리 숫자이고 ㉡은 일의 자리 숫자입니다.

③ 밑줄 친 두 숫자가 나타내는 값의 합을 구해 보세요.

    43**1**0   8**7**65

3125에서
천의 자리 숫자 **3**
➡ 3000
백의 자리 숫자 **1**
➡ 100
십의 자리 숫자 **2**
➡ 20
일의 자리 숫자 **5**
➡ 5

④ 효근이는 1000원짜리 지폐 **4**장, 100원짜리 동전 **7**개, 10원짜리 동전 **6**개를 가지고 있습니다. 효근이가 가지고 있는 돈은 모두 얼마인가요?

Jump ② 핵심응용하기

핵심 응용 예슬이의 저금통에는 1000원짜리 지폐 7장, 100원짜리 동전 11개, 10원짜리 동전 45개가 들어 있습니다. 예슬이의 저금통에 들어 있는 돈은 모두 얼마인가요?

생각열기 1000원, 100원, 10원이 각각 얼마씩인지 알아봅니다.

풀이 1000원짜리 지폐 7장은 [ ]원, 100원짜리 동전 11개는 [ ]원,

10원짜리 동전 45개는 [ ]원입니다.

따라서 예슬이의 저금통에 들어 있는 돈은 모두 [ ]원입니다.

답 _____

 1 숫자 5가 나타내는 값이 가장 큰 수에 ○, 가장 작은 수에 △를 하세요.

| 4052 | 3590 | 5108 | 8245 |

 2 천의 자리 숫자가 5, 백의 자리 숫자가 3, 십의 자리 숫자가 8, 일의 자리 숫자가 4인 네 자리 수보다 2000만큼 더 큰 수를 쓰고 읽어 보세요.

 3 다음 조건을 만족하는 네 자리 수를 모두 구해 보세요.

> ㉠ 일의 자리 숫자는 4보다 작습니다.
> ㉡ 백의 자리 숫자는 8, 십의 자리 숫자는 2입니다.
> ㉢ 5000보다 크고 6000보다 작은 수입니다.

🪐 뛰어 세기의 규칙을 찾아보면

1000씩 뛰어 세면 천의 자리 숫자가 ┐
100씩 뛰어 세면 백의 자리 숫자가 ┤
10씩 뛰어 세면 십의 자리 숫자가 ┤ 1씩 커집니다.
1씩 뛰어 세면 일의 자리 숫자가 ┘

Jump 도우미

1 1씩 뛰어 세려고 합니다. ㉠에 알맞은 수를 구하세요.

5189 — 5190 — 5191 — ☐ — ㉠

2 뛰어 세기 규칙에 맞게 빈칸에 알맞은 수를 써넣으세요.

(1) 2460 — 3460 — ☐ — 5460 — ☐

(2) 1285 — 1295 — ☐ — ☐ — 1325

★ 어느 자리 숫자가 얼마만큼씩 커졌는지 규칙을 찾습니다.

3 100씩 뛰어 세는 규칙에 따라 빈 곳에 알맞은 수를 써넣으세요.

1890

★ 100씩 뛰어 세면 백의 자리 숫자가 1씩 커집니다.

4 상자 안에 색종이가 2742장 있습니다. 색종이를 10장씩 8번 더 넣으면 상자 안의 색종이는 모두 몇 장이 되나요?

핵심 응용   일정한 간격으로 뛰어 세기 한 수 카드 4장을 순서없이 늘어놓았습니다. 가려진 수 카드의 수를 구해 보세요.

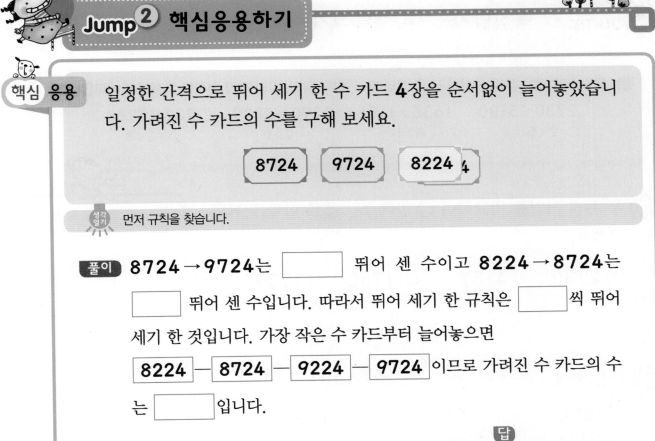

8724   9724   8224 4

생각열기   먼저 규칙을 찾습니다.

풀이   8724 → 9724는 [   ] 뛰어 센 수이고 8224 → 8724는 [   ] 뛰어 센 수입니다. 따라서 뛰어 세기 한 규칙은 [   ]씩 뛰어 세기 한 것입니다. 가장 작은 수 카드부터 늘어놓으면

8224 — 8724 — 9224 — 9724 이므로 가려진 수 카드의 수는 [   ] 입니다.

답 _____

확인 1   어떤 수에서 커지는 규칙으로 100씩 5번 뛰어 세었더니 6402가 되었습니다. 어떤 수는 얼마인가요?

확인 2   다음은 일정한 규칙으로 뛰어 세기를 한 것입니다. 몇씩 뛰어 센 것인가요?

1120 — ⃝ — ⃝ — ⃝ — 1200

확인 3   천의 자리 숫자가 4, 백의 자리 숫자가 9, 십의 자리 숫자가 5, 일의 자리 숫자가 6인 네 자리 수에서 커지는 규칙으로 60씩 6번 뛰어 센 수의 십의 자리 숫자는 무엇인가요?

> 🪐 자릿수가 같을 때에는 천의 자리, 백의 자리, 십의 자리, 일의 자리 숫자를 차례대로 비교합니다.
>
> 2730 < 5100   1635 > 1181   3290 > 3209   7732 < 7738
>   2 < 5   6 > 1   9 > 0   2 < 8

> Jump 도우미

1 두 수의 크기를 비교하여 ◯ 안에 >, <를 알맞게 써넣으세요.

(1) 2730 ◯ 4152   (2) 1762 ◯ 1739

> ⭐ 수의 크기를 비교할 때에는 천의 자리 숫자부터 차례대로 비교합니다.

2 다음 중에서 가장 큰 수는 어느 것인가요? (   )

① 1890   ② 2416   ③ 1029
④ 3904   ⑤ 3690

3 가장 큰 수부터 차례대로 써 보세요.

> 6345   4104   6321   4039

4 검은 콩은 3280개, 노란 콩은 4010개 있습니다. 검은 콩과 노란 콩 중에서 어느 콩이 더 많나요?

5 숫자 카드 4장을 모두 사용하여 만들 수 있는 네 자리 수 중에서 가장 큰 수와 가장 작은 수를 각각 구해 보세요.

> 4   0   3   7

> ⭐ 가장 큰 수를 만들 때에는 가장 큰 숫자부터 차례대로 쓰고 가장 작은 수를 만들 때에는 가장 작은 숫자부터 차례대로 씁니다. 단, 0은 수의 가장 앞자리에 올 수 없습니다.

Jump 2 핵심응용하기

핵심 응용 숫자 카드 **4**장을 모두 사용하여 **4000**보다 큰 네 자리 수를 만든다면 몇 개까지 만들 수 있나요?

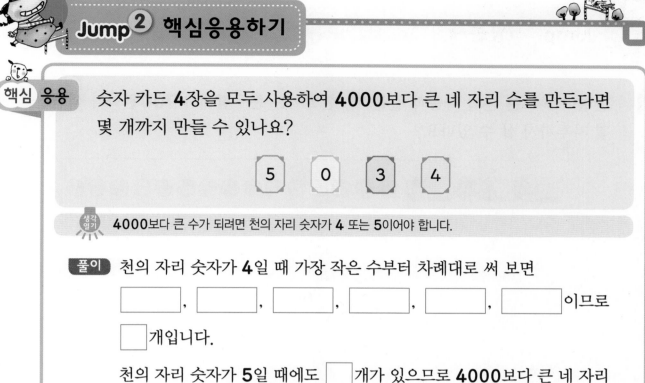

5 0 3 4

💡생각 열기 4000보다 큰 수가 되려면 천의 자리 숫자가 **4** 또는 **5**이어야 합니다.

풀이 천의 자리 숫자가 **4**일 때 가장 작은 수부터 차례대로 써 보면

⬜⬜ , ⬜⬜ , ⬜⬜ , ⬜⬜ , ⬜⬜ , ⬜⬜ 이므로

⬜ 개입니다.

천의 자리 숫자가 **5**일 때에도 ⬜ 개가 있으므로 **4000**보다 큰 네 자리 수는 모두 ⬜ + ⬜ = ⬜ (개)입니다.

답 _____

확인 1 가장 큰 수부터 차례대로 기호를 쓰세요.

> ㉠ **1000**이 **4**개, **100**이 **16**개, **1**이 **20**개인 수
> ㉡ 오천칠백이십사
> ㉢ **5471**
> ㉣ **4965**보다 **500**만큼 더 큰 수

확인 2 ⬜ 안에 들어갈 수 있는 숫자를 모두 더하면 얼마가 되나요?

7365 < **73**⬜**7**

확인 3 천의 자리 숫자가 **3**, 백의 자리 숫자가 **6**, 십의 자리 숫자가 **7**인 네 자리 수 중에서 **3600**보다 큰 수는 모두 몇 개인가요?

1 한별이가 모은 돈이 다음과 같을 때, 한별이는 문구점에서 **700**원짜리 색연필을 몇 자루까지 살 수 있나요?

2 다음 네 자리 수 중 가장 큰 수부터 차례대로 기호를 쓰세요.

㉠ 4☐70   ㉡ 37☐☐   ㉢ 30☐4   ㉣ 402☐

3 다음 중 셋째로 큰 수에서 숫자 **7**이 나타내는 값은 얼마인가요?

| 2547 | 4735 | 3407 | 3764 | 4074 | 2670 |

4 □ 안에 들어갈 수 있는 숫자의 개수가 가장 많은 것을 찾아 기호를 쓰세요.

1 단원

> ㉠ 32□4 > 3265   ㉡ 5□87 < 5463   ㉢ 256□ > 2567

5 가장 큰 수부터 차례대로 기호를 쓰세요.

> ㉠ 100이 23개, 10이 42개인 수
> ㉡ 천의 자리 숫자가 2, 일의 자리 숫자가 0인 네 자리 수 중 가장 큰 수
> ㉢ 3030보다 200만큼 더 작은 수

6 숫자 카드 8 , 1 , 0 , 5 를 한 번씩만 사용하여 네 자리 수를 만들 때, 만들 수 있는 네 자리 수는 모두 몇 개인가요?

7 오른쪽은 지혜와 동생이 어머니 생신 선물을 사려고 모은 돈을 나타낸 것입니다. 지혜와 동생이 같은 금액을 내어 선물 한 개를 산다면, 얼마짜리까지 살 수 있나요?

모은 돈	지혜	동생
1000원	2장	1장
500원	3개	4개
100원	12개	15개

8 상연이의 저금통에는 1000원짜리 지폐가 3장, 500원짜리 동전이 6개, 100원짜리 동전이 13개, 50원짜리 동전이 24개 들어 있습니다. 앞으로 7일 동안 매일 200원씩 저금통에 넣는다면 저금통에 들어 있는 돈은 모두 얼마가 되나요?

9 □ 안에 공통으로 들어갈 수 있는 숫자를 모두 써 보세요.

$$64\boxed{}1 < 6\boxed{}37$$

10 다음을 읽고 효근이가 저금한 돈은 얼마인지 구해 보세요.

> 한초 : 1000원짜리 지폐 4장과 100원짜리 동전 25개를 저금했어.
>
> 석기 : 한초보다 100원짜리 동전 13개가 더 적은 돈을 저금했어.
>
> 효근 : 석기보다 1000원짜리 지폐 2장과 10원짜리 동전 37개가 더 많은 돈을 저금했어.

11 □ 안에 공통으로 들어갈 수 있는 숫자를 구해 보세요.

$$3\square52 < 3648 \qquad 87\square9 > 8756$$

12 다음과 같은 규칙으로 뛰어 세기를 할 때, 가장 큰 네 자리 수를 구하세요.

8538 — 8588 — 8638 — 8688 — ⋯⋯

13 다음과 같이 규칙적으로 뛰어 세기를 할 때, **2711**과 **3111** 사이에 들어가는 수는 모두 몇 개인가요?

$$2561 - 2611 - 2661 - 2711 \cdots\cdots 3111$$

14 웅이와 한초는 **0**부터 **9**까지의 숫자가 적힌 **10**장의 숫자 카드를 **5**장씩 나누어 가진 후 각각 **5**장의 수 카드 중 **4**장을 뽑아 네 자리 수를 만들었습니다. 웅이가 만들 수 있는 가장 큰 네 자리 수는 **7643**이고, 가장 작은 네 자리 수는 **1346** 입니다. 한초가 만들 수 있는 가장 작은 네 자리 수는 얼마인가요?

15 천의 자리 숫자가 **5**, 십의 자리 숫자가 **9**인 네 자리 수 중에서 **5799**보다 큰 수는 모두 몇 개인가요?

16 →는 **100**만큼 더 큰 수, ←는 **100**만큼 더 작은 수, ↑는 **10**만큼 더 큰 수, ↓는 **10**만큼 더 작은 수를 나타낼 때, 다음을 **보기**와 같은 방법으로 구해 보세요.

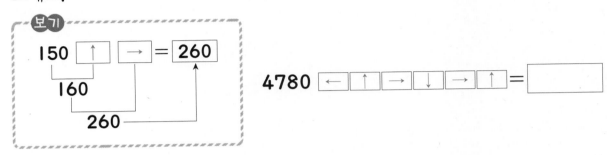

17 고대 로마에서는 **보기**와 같이 로마 숫자로 수를 나타내었습니다. 예를 들어 **1768**은 로마 숫자 MDCCLXVIII로 나타냅니다. **2587**을 로마 숫자로 나타내 보세요.

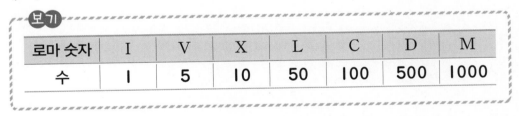

보기

로마 숫자	I	V	X	L	C	D	M
수	1	5	10	50	100	500	1000

18 어떤 수에서 **500**씩 커지는 규칙으로 **3**번 뛰어 세기 해야 할 것을 잘못하여 **50**씩 커지는 규칙으로 **3**번 뛰어 세기 하였더니 **5245**가 되었습니다. 바르게 뛰어 센 수를 구해 보세요.

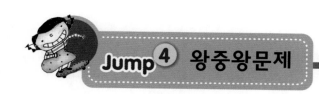 

1 1200보다 작은 네 자리 수 중 각 자리의 숫자의 합이 15인 수는 모두 몇 개인 가요?

2 5장의 숫자 카드 중에서 4장을 뽑아 네 자리 수를 만들려고 합니다. 백의 자리 숫자가 6인 네 자리 수는 모두 몇 개 만들 수 있나요?

3 다음 조건을 모두 만족하는 네 자리 수를 구해 보세요.

• 5000보다 크고 6000보다 작은 수입니다.
• 앞의 숫자부터 읽어도 뒤의 숫자부터 읽어도 같은 수입니다.
• 각 자리의 숫자를 모두 더하면 24입니다.

4 천의 자리 숫자가 **4**, 십의 자리 숫자가 **5**인 네 자리 수 중에서 백의 자리 숫자가 일의 자리 숫자보다 큰 수는 모두 몇 개인가요?

5 다음은 네 자리 수의 크기를 비교한 것입니다. ㉠, ㉡에 들어갈 두 숫자의 짝을 (㉠, ㉡)으로 나타낼 때, 그 짝은 모두 몇 개인가요? (단, ㉠과 ㉡은 같은 수일 수도 있습니다.)

$$6㉠89 > 67㉡1$$

6 석기와 가영이는 주사위를 **4**번씩 던져 나온 눈의 숫자를 모두 이용하여 네 자리 수를 만들려고 합니다. **4**번씩 던져서 나온 눈의 숫자가 각각 다음과 같습니다. 만들 수 있는 네 자리 수 중 **10**번째로 큰 수를 각각 만들 때, 더 큰 수를 만든 사람은 누구인가요?

석기 6, 4, 2, 1   가영 5, 4, 3, 2

7 2734에서 커지는 규칙으로 ㉠씩 **3**번 뛰어 센 수와 **3284**에서 작아지는 규칙으로 **50**씩 **5**번 뛰어 센 수가 같습니다. ㉠은 얼마인가요?

8 2090부터 **2200**까지의 수를 차례대로 써 나갈 때, 숫자 **5**는 모두 몇 번 쓰게 되나요?

9 다음을 읽고 예슬이와 석기가 가지고 있는 카드에 적힌 두 수 사이에 있는 수는 모두 몇 개인지 구해 보세요.

예슬 : **1000**이 **5**개, **100**이 **12**개, **1**이 **49**개인 수
석기 : 천의 자리 숫자가 **6**, 십의 자리 숫자가 **4**인 수 중에서 가장 작은 수

10 다음 조건을 모두 만족하는 네 자리 수를 구해 보세요.

> ㉠ 6000보다 크고 7000보다 작습니다.
> ㉡ 십의 자리 숫자는 천의 자리 숫자의 반입니다.
> ㉢ 일의 자리 숫자는 천의 자리 숫자보다 작고 백의 자리 숫자는 일의 자리 숫자보다 작습니다.
> ㉣ 각 자리 숫자의 합은 18입니다.

11 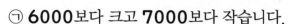 다섯 장의 숫자 카드 중 4장을 골라 한 번씩만 사용하여 네 자리 수를 만들려고 합니다. 만들 수 있는 수 중에서 4와 5가 이웃하는 네 자리 수는 모두 몇 개인지 구해 보세요. (단, 2345는 4와 5가 이웃하는 경우이고 2435는 4와 5가 이웃하지 않는 경우입니다.)

12 네 자리 수 ★523과 5★32에서 ★은 같은 숫자를 나타냅니다. 다음 조건을 만족하는 ★이 될 수 있는 숫자는 모두 몇 개인지 구해 보세요.

> ★523 > 5★32

13 네 자리 수의 크기를 비교한 것입니다. ●에 어떤 수를 넣어도 7■7■가 더 큰 수라고 할 때, 7■7■가 될 수 있는 수는 모두 몇 개인지 구해 보세요. (단, 같은 모양은 같은 수를 나타냅니다.)

$$73●4 < 7■7■$$

14 ⓪ , ④ , ⑦ , ③ 4장의 숫자 카드를 한 번씩 모두 사용하여 다섯 번째로 작은 네 자리 수를 만들었습니다. 만든 수에서 30씩 작아지도록 5번 뛰어 센 수를 구해 보세요.

15 ① , ② , ③ , ④ , ⑤ , ⑥ 의 6장의 숫자 카드 중 4장을 뽑아 한 번씩 사용하여 네 자리 수를 만들려고 합니다.
(천의 자리 숫자)＞(백의 자리 숫자)＞(십의 자리 숫자)＞(일의 자리 숫자)인 네 자리 수는 모두 몇 개를 만들 수 있는지 구해 보세요.

16 1000이 ㉠개, 100이 ㉡개, 10이 ㉢개 1이 ㉣개이면 6571입니다. 이때 ㉠+㉡+㉢+㉣의 값이 20보다 크고 30보다 작다면 ㉠+㉡+㉢+㉣의 값은 얼마인가요?

17 다음의 조건을 모두 만족하는 네 자리 수 ㉠㉡㉢㉣은 모두 몇 개인지 구해 보세요.

- ㉠, ㉡, ㉢, ㉣은 서로 다른 숫자입니다.
- 네 자리 수 ㉠㉡㉢㉣은 홀수입니다.
- ㉠-㉡=5입니다.
- ㉠+㉡+㉢+㉣=14입니다.

18 다음은 유승이네 집 현관문의 비밀번호인 네 자리 수를 설명한 것입니다. 조건을 모두 만족하는 수 중에서 다섯 번째로 작은 수가 유승이네 집 비밀번호입니다. 유승이네 집 현관문의 비밀번호를 구해 보세요.

- 각 자리의 숫자의 합은 19입니다.
- 각 자리 숫자 중 같은 숫자가 2개 있습니다.
- 서로 다른 숫자가 3개입니다.

1 제과점에 빵이 1550개 있습니다. 빵을 하루에 400개씩 판매한 후 100개씩 새로 만듭니다. 제과점에서 판매하는 빵이 부족한 날은 빵을 판매한 지 며칠째 되는 날인가요?

2 동민이가 가지고 있는 돈은 다음과 같습니다. 3000원짜리 필통 1개를 사려고 할 때, 동민이가 돈을 낼 수 있는 방법은 모두 몇 가지인가요?

돈	개수
100원	20개
500원	4개
1000원	4장

💬 이야기 수학

🏠 귀족들의 곱셈 비법

옛날 사람들은 땅의 크기를 알기 위해 땅의 가로와 세로의 길이를 발걸음의 수로 잰 다음, 그 수를 서로 곱하여 땅의 크기를 구했다고 합니다. 그러나 땅을 많이 가지고 있던 귀족들은 항상 땅의 크기를 계산하는 것이 귀찮아서 곱셈의 규칙을 찾아 정리하였는데 그것이 바로 곱셈구구입니다.

귀족들은 이렇게 편리한 곱셈구구를 일반인에게 알려 주어서는 안 되는 보물처럼 비밀스럽게 다루었습니다. 이 비밀을 유지하기 위하여 2단부터 차례대로 $2 \times 2 = 4$, $2 \times 3 = 6$, $2 \times 4 = 8$, ……과 같이 쉽게 외우는 방법 대신, 9단부터 거꾸로 $9 \times 9 = 81$, $9 \times 8 = 72$, $9 \times 7 = 63$, ……과 같이 어렵게 외우는 방법으로 자식들에게 전해 주었습니다. 이때부터 곱셈을 '구구'라고 불렀다는 유래가 있습니다.

우리들이 '울며 겨자 먹기'로 외운 곱셈구구! 하지만 먼 옛날에는 선택된 귀족들만이 외울 수 있었던 비밀이라는 사실을 안다면, 우리도 곱셈구구를 더 정확하고 빠르게 외울 수 있도록 노력해야겠죠?

🏀 **2단 곱셈구구**

×	1	2	3	4	5	6	7	8	9
2	2	4	6	8	10	12	14	16	18

$+2$　$+2$　$+2$　$+2$　$+2$　$+2$　$+2$　$+2$

➡ **2**단 곱셈구구에서는 곱이 **2**씩 커집니다.

🏀 **5단 곱셈구구**

×	1	2	3	4	5	6	7	8	9
5	5	10	15	20	25	30	35	40	45

$+5$　$+5$　$+5$　$+5$　$+5$　$+5$　$+5$　$+5$

➡ **5**단 곱셈구구에서는 곱이 **5**씩 커집니다.

Jump 도우미

1 □ 안에 알맞은 수를 써넣으세요.

(1)

$2 \times \boxed{} = 6$

(2)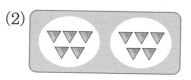

$5 \times \boxed{} = 10$

2 빈칸에 알맞은 수를 써넣으세요.

(1)

	4	➡	8
2 ×	5	➡	
	6	➡	

(2)

	6	➡	30
5 ×	7	➡	
	8	➡	

★ **2×3**은 **2**를 **3**번 더하는 것과 같습니다.
➡ $2 \times 3 = 2 + 2 + 2$

3 초콜릿을 **1**명에게 **5**개씩 나누어 주려고 합니다. **4**명에게 나누어 주려면 초콜릿은 모두 몇 개가 필요한가요?

핵심 응용

영수는 가지고 있는 귤을 1봉지에 5개씩 담았더니 6봉지가 되고 2개가 남았습니다. 영수가 가지고 있는 귤은 모두 몇 개인가요?

2 단원

생각열기 먼저 봉지에 담은 귤이 몇 개인지 알아봅니다.

풀이 귤을 1봉지에 5개씩 담았더니 ☐ 봉지가 되었으므로 봉지에 담은 귤은

☐ × ☐ = ☐ (개)이고 남은 귤은 ☐ 개입니다.

따라서 영수가 가지고 있는 귤은 모두 ☐ + ☐ = ☐ (개)입니다.

답 _____

 1 계산 결과가 가장 큰 것부터 차례대로 기호를 쓰세요.

> ㉠ 2와 8의 곱   ㉡ 5×2+5
> ㉢ 5 곱하기 4   ㉣ 2×6+2

 2 웅이는 연필을 2자루씩 9묶음 가지고 있고 용희는 5자루씩 3묶음 가지고 있습니다. 웅이와 용희가 가지고 있는 연필은 모두 몇 자루인가요?

 3 생선가게에 갈치는 5마리씩 6줄로 놓여 있고 고등어는 2마리씩 7줄로 놓여 있습니다. 생선가게에 갈치는 고등어보다 몇 마리 더 많은가요?

3단 곱셈구구

×	1	2	3	4	5	6	7	8	9
3	3	6	9	12	15	18	21	24	27

+3 +3 +3 +3 +3 +3 +3 +3

➡ **3단** 곱셈구구에서는 곱이 **3**씩 커집니다.

6단 곱셈구구

×	1	2	3	4	5	6	7	8	9
6	6	12	18	24	30	36	42	48	54

+6 +6 +6 +6 +6 +6 +6 +6

➡ **6단** 곱셈구구에서는 곱이 **6**씩 커집니다.

Jump 도우미

1 □ 안에 알맞은 수를 써넣으세요.

(1)

$$3 \times \boxed{} = 15$$

(2)
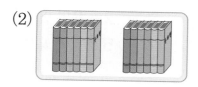

$$6 \times \boxed{} = 12$$

(1) **3**씩 몇 묶음인지 알아봅니다.
(2) **6**씩 몇 묶음인지 알아봅니다.

2 곱셈구구의 값을 찾아 선으로 이어 보세요.

3×7 ·

6×5 ·

3×6 ·

· 30

· 21

· 18

3 용희는 색연필을 **6**자루 가지고 있고 효근이는 용희가 가지고 있는 색연필의 **3**배만큼 가지고 있습니다. 효근이가 가지고 있는 색연필은 몇 자루인가요?

■의 ▲배는 ■ × ▲입니다.

핵심 응용 □ 안에 들어갈 수 있는 수를 모두 찾아 그 수들의 합을 구해 보세요.

$$3 \times 9 < \square < 6 \times 5$$

생각
열기 ■보다 크고 ▲보다 작은 수에는 ■와 ▲가 들어가지 않습니다.

풀이 3단 곱셈구구를 이용하면 $3 \times 9 = \boxed{}$ 이고 6단 곱셈구구를 이용하면

$6 \times 5 = \boxed{}$ 입니다.

$\boxed{}$ 보다 크고 $\boxed{}$ 보다 작은 수는 $\boxed{}$, $\boxed{}$ 이므로

그 수들의 합은 $\boxed{} + \boxed{} = \boxed{}$ 입니다.

답 _____

 1 계산 결과가 6단 곱셈구구의 곱이 아닌 것을 찾아 기호를 쓰세요.

ㄱ 19+5 ㄴ 40-4

ㄷ 12+30 ㄹ 31-6

 2 냉장고에 있던 달걀을 하루에 3개씩 9일 동안 먹었더니 6개씩 2줄이 남았습니다. 처음 냉장고에 있던 달걀은 모두 몇 개인가요?

 3 지혜는 공책을 3권씩 8묶음 가지고 있고 예슬이는 6권씩 6묶음 가지고 있습니다. 예슬이는 지혜보다 공책을 몇 권 더 가지고 있나요?

◈ 4단 곱셈구구

×	1	2	3	4	5	6	7	8	9
4	4	8	12	16	20	24	28	32	36

+4 +4 +4 +4 +4 +4 +4 +4

➡ 4단 곱셈구구에서는 곱이 4씩 커집니다.

◈ 8단 곱셈구구

×	1	2	3	4	5	6	7	8	9
8	8	16	24	32	40	48	56	64	72

+8 +8 +8 +8 +8 +8 +8

➡ 8단 곱셈구구에서는 곱이 8씩 커집니다.

Jump 도우미

1 □ 안에 알맞은 수를 써넣으세요.

(1)

$4 \times \boxed{} = 24$

(2)

$8 \times \boxed{} = 16$

(1) 4씩 몇 묶음인지 알아봅니다.
(2) 8씩 몇 묶음인지 알아봅니다.

2 빈칸에 알맞은 수를 써넣으세요.

(1)

×	1	2		6		9
4			12		32	

(2)

×	1		5	7	8	
8		24				72

3 동민이의 나이는 8살입니다. 아버지의 나이는 동민이의 나이의 5배일 때 아버지의 나이는 몇 살인가요?

(아버지의 나이)
=(동민이의 나이)×5

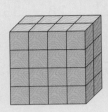

핵심 응용

한별이가 쌓기나무로 다음과 같은 상자 모양을 만들었더니 쌓기나무 **9**개가 남았습니다. 한별이가 가지고 있던 쌓기나무는 모두 몇 개인가요?

생각열기 먼저 **1**층에 있는 쌓기나무가 몇 개인지 알아봅니다.

풀이 **1**층에 있는 쌓기나무의 개수는 ▢개씩 **2**줄이므로 ▢ × **2** = ▢ (개)입니다.

한 층에 ▢개씩 ▢층으로 쌓았으므로 그림과 같은 모양을 만드는 데 사용한 쌓기나무의 개수는 ▢ × ▢ = ▢ (개)입니다.

따라서 한별이가 가지고 있던 쌓기나무는 모두 ▢ + ▢ = ▢ (개)입니다.

답 _____

 1 **1**부터 **9**까지의 수 중에서 ▢ 안에 들어갈 수 있는 수는 모두 몇 개인가요?

$$8 × ▢ + 8 < 45$$

 2 웅이는 귤을 하루에 **4**개씩 **3**일 동안 먹었고, 형은 귤을 하루에 **8**개씩 **2**일 동안 먹었습니다. 형은 웅이보다 귤을 몇 개 더 많이 먹었나요?

 3 사탕을 지혜는 **8**개씩 **7**묶음, 신영이는 **4**개씩 **9**묶음 가지고 있습니다. 사탕을 누가 몇 개 더 많이 가지고 있나요?

🏀 **7**단 곱셈구구

×	1	2	3	4	5	6	7	8	9
7	7	14	21	28	35	42	49	56	63

+7 +7 +7 +7 +7 +7 +7 +7

➡ **7**단 곱셈구구에서는 곱이 **7**씩 커집니다.

🏀 **9**단 곱셈구구

×	1	2	3	4	5	6	7	8	9
9	9	18	27	36	45	54	63	72	81

+9 +9 +9 +9 +9 +9 +9 +9

➡ **9**단 곱셈구구에서는 곱이 **9**씩 커집니다.

Jump 도우미

(1) **7**씩 몇 묶음인지 알아봅니다.
(2) **9**씩 몇 묶음인지 알아봅니다.

❶ ☐ 안에 알맞은 수를 써넣으세요.

(1)

$7 \times \boxed{} = 35$

(2)

$9 \times \boxed{} = 54$

❷ 빈 곳에 알맞은 수를 써넣으세요.

(1)
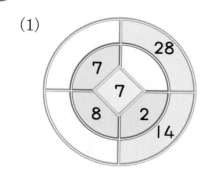

(2)
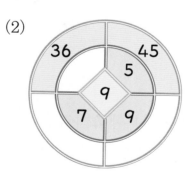

❸ 긴 의자 **1**개에는 **7**명씩 앉을 수 있습니다. 긴 의자 **6**개에는 모두 몇 명이 앉을 수 있나요?

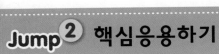

핵심 응용 한초는 과녁 맞히기 놀이를 하여 오른쪽 그림과 같이 과녁을 맞혔습니다. 한초가 얻은 점수는 모두 몇 점인가요?

2
단원

💡 먼저 각 점수별로 몇 번씩 맞혔는지 알아봅니다.

풀이 9점을 ☐번 맞혔으므로 9×☐=☐(점)

8점을 ☐번 맞혔으므로 8×☐=☐(점)

7점을 ☐번 맞혔으므로 7×☐=☐(점)

6점을 ☐번 맞혔으므로 6×☐=☐(점)입니다.

따라서 한초가 얻은 점수는 모두 ☐+☐+☐+☐=☐(점)입니다.

답 _____

1 구슬이 모두 몇 개인지 여러 가지 방법으로 알아보려고 합니다. ☐ 안에 알맞은 수를 써넣으세요.

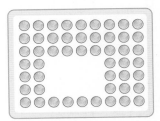

(1) $9×4+2×☐+3×☐=☐$

(2) $7×☐+3×4+1×☐=☐$

(3) $9×☐-4×☐=☐$

2 ☐ 안에 들어갈 수가 가장 작은 것을 찾아 기호를 쓰세요.

㉠ $9×☐=45$ ㉡ $☐×7=49$

㉢ $☐×6=36$ ㉣ $8×☐=48$

● I단 곱셈구구

×	1	2	3	4	5	6	7	8	9
1	1	2	3	4	5	6	7	8	9

➡ I과 어떤 수의 곱은 항상 어떤 수입니다.

● 0의 곱

×	1	2	3	4	5	6	7	8	9
0	0	0	0	0	0	0	0	0	0

➡ 0과 어떤 수의 곱은 항상 0입니다.

Jump 도우미

・I단 곱셈구구
➡ I×(어떤 수)
　=(어떤 수)
➡ (어떤 수)×I
　=(어떤 수)
・0의 곱
➡ 0×(어떤 수)=0
➡ (어떤 수)×0=0

❶ □ 안에 알맞은 수를 써넣으세요.

(1) $1 \times 3 =$ ☐

(2) ☐ $\times 7 = 7$

(3) $0 \times 5 =$ ☐

(4) $9 \times$ ☐ $= 0$

❷ 빈칸에 알맞은 수를 써넣으세요.

×	0	1	2	3	4	5	6
0			0			0	
1		1			4		6

❸ 물고기가 I마리씩 9개의 어항에 들어 있습니다. 물고기는 모두 몇 마리인가요?

(I개의 어항의 물고기 수) ×(어항의 수)

❹ 한솔이는 고리던지기 놀이를 합니다. 고리를 던져서 걸리면 5점, 걸리지 않으면 0점을 얻습니다. 고리 8개를 던져서 모두 걸리지 않았다면 한솔이가 얻은 점수는 몇 점인가요?

핵심 응용

예슬이와 규형이는 투호 던지기 놀이를 하였습니다. 투호를 던져서 넣으면 **1**점, 넣지 못하면 **0**점입니다. 그림과 같이 예슬이와 규형이가 각각 **8**개의 투호를 던졌을 때 얻은 점수의 합은 몇 점인가요?

예슬   규형

생각 열기 예슬이와 규형이가 투호를 던져서 넣은 것은 각각 몇 개인지 세어 봅니다.

풀이 예슬이는 투호를 던져서 ☐개를 넣었고 ☐개를 넣지 못하였으므로

얻은 점수는 ☐×**1**+☐×**0**=☐(점)입니다.

규형이는 투호를 던져서 ☐개를 넣었고 ☐개를 넣지 못하였으므로

얻은 점수는 ☐×**1**+☐×**0**=☐(점)입니다.

따라서 예슬이와 규형이가 투호 던지기 놀이를 하여 얻은 점수의 합은

☐+☐=☐(점)입니다.

답 _____

1 **1**부터 **9**까지의 수 중에서 ☐ 안에 들어갈 수 있는 수는 모두 몇 개인가요?

$$☐×0=0$$

2 ☐ 안에 **0**부터 **9**까지의 수가 들어갈 수 있습니다. ◇ 안에 들어갈 수 있는 수가 가장 클 때와 가장 작을 때의 차를 구해 보세요.

$$☐×7=◇$$

곱셈표에서 여러 가지 규칙 찾기

×	0	1	2	3	4	5	6	7
0	0	0	0	0	0	0	0	0
1	0	1	2	3	4	5	6	7
2	0	2	4	6	8	10	12	14
3	0	3	6	9	12	15	18	21
4	0	4	8	12	16	20	24	28
5	0	5	10	15	20	25	30	35
6	0	6	12	18	24	30	36	42

- ▭으로 둘러싸인 부분은 곱이 **3**씩 커집니다.
  ➡ ★단 곱셈구구에서는 곱이 ★씩 커집니다.

- 곱이 **20**으로 같은 곱셈구구는 **4 × 5**와 **5 × 4**입니다.
  ➡ 곱하는 두 수를 서로 바꾸어 곱해도 곱은 같습니다.

곱셈표를 보고 물음에 답해 보세요. [1~2]

×	2	3	4	5	6	7	8	9
5	10	15	20	25	30	35	40	45
6	12	18	24	30	36	42	48	54
7							56	
8		24			48			
9			36					81

1 ▭으로 둘러싸인 수들에는 어떤 규칙이 있나요?

2 ▭으로 둘러싸인 수들에는 어떤 규칙이 있나요?

★ ■단 곱셈구구에서는 곱하는 수가 1씩 커질 때마다 곱이 ■씩 커집니다.

3 ㉠과 ㉡에 알맞은 수의 곱을 구해 보세요.

$$4 \times \boxed{㉠} = 7 \times 4, \quad 9 \times 5 = \boxed{㉡} \times 9$$

Jump ② 핵심응용하기

핵심 응용 오른쪽 그림은 곱셈표의 일부분입니다. 점선을 따라 접었을 때 ㉮와 만나는 곳과 ㉯와 만나는 곳에 있는 수를 각각 곱셈구구로 나타내 보세요.

25		㉮		
	36			
		49		㉯
			64	
				81

 곱셈표를 보고 어떤 규칙이 있는지 생각해 봅니다.

풀이 점선이 있는 부분의 수 중에서 곱이 **25**인 곳은 $\square \times \square = 25$,

곱이 **49**인 곳은 $\square \times \square = 49$, 곱이 **81**인 곳은 $\square \times \square = 81$

이므로 곱셈표에서 ㉮를 곱셈구구로 나타내면 $5 \times \square = \square$ 이고

㉯는 $7 \times \square = \square$ 입니다.

따라서 ㉮와 만나는 곳에 있는 수를 곱셈구구로 나타내면

$\square \times \square = \square$ 이고 ㉯와 만나는 곳에 있는 수를 곱셈구구로 나타내

면 $\square \times \square = \square$ 입니다.

답 _____

 1 보기와 같은 방법으로 **7★6**을 계산해 보세요.

> **보기**
>
> $\blacktriangle \bigstar \bullet = (\blacktriangle \times 8) + (\bullet \times 5)$

 2 규칙에 맞도록 빈칸에 알맞은 수를 써넣으세요.

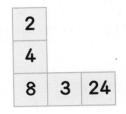

2		
4		
8	3	24

3	
2	
	9

3	
	9	81

🏀 **곱셈식을 세워 문제 해결하기**

> 사물함이 한 층에 **8**개씩 **4**층으로 놓여 있습니다. 사물함은 모두 몇 개인지 알아보세요.

➡ 8단 곱셈구구를 이용하여 식을 세워 문제를 해결합니다. ➡ $8 \times 4 = 32$
따라서 사물함은 모두 **32**개입니다.

> Jump 도우미

1 운동장에 남학생은 **6**명씩 **7**줄로 서 있고 여학생은 **7**명씩 **4**줄로 서 있습니다. 운동장에 서 있는 남학생과 여학생은 모두 몇 명인가요?

☆ 남학생 수 : 6×7
여학생 수 : 7×4

2 별이는 수수깡을 **5**개씩 **6**묶음 가지고 있습니다. 영이가 별이에게 수수깡을 **4**개씩 **8**묶음을 주면 별이가 갖게 되는 수수깡은 모두 몇 개가 되나요?

3 빨간 색종이가 **8**장 있습니다. 파란 색종이는 빨간 색종이의 **7**배보다 **6**장 적습니다. 파란 색종이는 모두 몇 장인가요?

4 줄넘기 대회에서 **1**등은 **2**점, **2**등은 **1**점, **3**등은 **0**점을 얻습니다. 동민이네 반은 **1**등이 **2**명, **2**등이 **3**명, **3**등이 **5**명입니다. 동민이네 반 학생들의 점수는 모두 몇 점인가요?

☆ 점수와 사람 수를 곱하여 더합니다.

핵심 응용 면봉을 이용하여 그림과 같은 삼각형을 **7**개, 사각형을 **6**개 만들었습니다. 사용한 면봉은 모두 몇 개인가요?

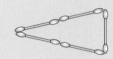

생각열기 삼각형과 사각형을 만드는 데 필요한 면봉은 각각 몇 개인지 살펴봅니다.

풀이 삼각형 **1**개를 만드는 데 필요한 면봉은 ☐개이므로

삼각형 **7**개를 만드는 데 사용한 면봉은 ☐×**7**=☐(개)입니다.

사각형 **1**개를 만드는 데 필요한 면봉은 ☐개이므로

사각형 **6**개를 만드는 데 사용한 면봉은 ☐×**6**=☐(개)입니다.

따라서 사용한 면봉은 모두 ☐+☐=☐(개)입니다.

답 _____

 1 테이블 **8**개와 의자 **40**개가 있습니다. 테이블 **1**개에 의자를 **6**개씩 놓는다면 부족한 의자는 모두 몇 개인가요?

 2 석기는 **1**상자에 **7**개씩 들어 있는 쿠키 **5**상자와 낱개 **3**개를 가지고 있었습니다. 석기가 쿠키를 **1**봉지에 **6**개씩 담아 **4**봉지를 효근이에게 주었다면 석기에게 남은 쿠키는 몇 개인가요?

 3 상연이는 과녁 맞히기 놀이를 하여 오른쪽 그림과 같이 맞혔습니다. 남은 화살은 **2**개이고 얻어야 하는 점수가 **26**점이라면 남은 화살을 각각 몇 점에 맞혀야 하나요?

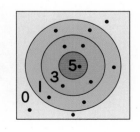

1 영수가 가지고 있는 딱지를 **6**개씩 **4**줄로 놓으면 **3**개가 남습니다. 딱지를 **3**줄로 모두 놓으려면 **1**줄에 몇 개씩 놓아야 하나요?

2 효근이는 **8**살이고 어머니의 나이는 효근이 나이의 **5**배보다 **4**살 더 적습니다. 어머니의 나이는 효근이의 나이보다 몇 살 더 많은가요?

3 ☐ 안에 **0**부터 **9**까지의 숫자가 들어갈 수 있습니다. ☐×**8**의 곱이 가장 클 때와 가장 작을 때의 합은 얼마인가요?

$$\boxed{ \times 8 = \bullet}$$

4 9에 어떤 수를 곱한 후 **2**를 더한 수와 **7**에 **8**을 곱한 수는 서로 같습니다. 어떤 수는 얼마인가요?

5 다음 조건을 모두 만족하는 어떤 수를 구해 보세요.

> • 어떤 수와 **7**의 곱은 **45**보다 큽니다.
> • **4**와 어떤 수의 곱은 **30**보다 작습니다.

6 30개의 구슬 중에서 노란색 구슬이 **18**개이고 나머지는 파란색 구슬입니다. 한초와 친구들이 구슬을 남김없이 똑같이 나누어 가졌더니 **1**명이 각각 노란색 구슬 3개와 파란색 구슬 몇 개를 가지게 되었습니다. 한초가 가진 파란색 구슬은 몇 개인가요?

7 다음 조건을 모두 만족하는 어떤 수를 구해 보세요.

> • 어떤 수는 7×7의 곱보다 큽니다.
> • 어떤 수는 서로 같은 수를 두 번 곱했을 때의 곱입니다.
> • 어떤 수는 9×3을 세 번 더한 값보다 작습니다.

8 주어진 ●는 일정한 규칙을 나타냅니다. □ 안에 알맞은 수를 써넣으세요.

> 3●9=7 4●8=2 5●7=5
> 6●6=6 9●6=4 7●6=2

$$4●7=\boxed{}$$

9 오른쪽 그림에서 ▨ 안의 수는 양 끝의 ○ 안에 있는 두 수의 곱입니다. ○ 안에 알맞은 수를 써넣으세요.

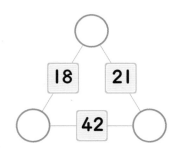

10 어떤 두 수가 있습니다. 두 수의 곱은 **27**이고, 큰 수는 작은 수의 **3**배입니다. 큰 수를 **5**배 한 수와 작은 수를 **8**배 한 수의 합은 얼마인가요?

11 운동장에 학생들이 **7**명씩 **7**줄로 서 있습니다. 이 학생들이 **2**팀으로 나누어 운동 경기를 하려고 합니다. 한 팀이 **6**명씩 **4**줄로 선다면 다른 한 팀은 **5**명씩 몇 줄로 서야 하나요?

12 상자 안에 **20**개보다 많고 **30**개보다는 적은 수의 쿠키가 들어 있습니다. 이 쿠키를 **4**개씩 포장하면 **3**개가 남게 됩니다. 상자 안에 들어 있는 쿠키의 수가 될 수 있는 수를 모두 구해 보세요.

13 8단 곱셈구구표를 만들어 보면 곱의 일의 자리 숫자들은 일정한 규칙을 가지고 있습니다. 규칙을 찾아 **8×14**의 일의 자리 숫자를 구해 보세요.

14 □ 안에 들어갈 수 있는 수는 모두 몇 개인지 구해 보세요.

$$9 \times 5 > \square \times 6$$

15 ■와 ★에 알맞은 수의 합을 구해 보세요.

$$■ \times ■ = 2■, \quad ★ \times ■ = 45$$

2 단원

16 가, 나, 다 세 문구점에서는 지우개를 각각 **4**개, **8**개, **5**개씩 묶어서 팝니다. 필요한 지우개 **27**개를 한 문구점에서 모두 살 때, 남는 지우개가 가장 적도록 하려면 어느 문구점에서 사는 것이 좋을까요?

17 그림과 같이 바둑돌을 놓을 때, 일곱째에는 몇 개의 바둑돌을 놓아야 하나요?

첫째　　　둘째　　　셋째　　　넷째　　......

18 준기와 민영이는 계단에서 가위바위보를 해서 이기면 **4**칸을 올라가고, 비기면 제자리, 지면 **2**칸을 내려가기로 하였습니다. 가위바위보를 **10**번 하여 준기는 **4**번 이기고, **3**번 비기고 **3**번 졌습니다. 준기와 민영이 중 누가 몇 칸 더 위에 있나요?

1 5명이 앉는 의자와 3명이 앉는 의자가 모두 7개 있습니다. 7개의 의자에 29명이 앉으면 빈 자리가 없을 때 3명이 앉는 의자는 몇 개인가요?

2 용희는 과녁 맞히기 놀이를 하여 오른쪽 그림과 같이 맞혔습니다. 남은 화살은 3개이고 얻어야 하는 점수가 56점이라면 남은 화살을 각각 몇 점에 맞혀야 하는지 구해 보세요.

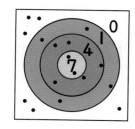

3 다음에서 ■가 될 수 있는 수는 모두 몇 개인가요?

> • ■는 0보다 크고 10보다 작습니다.
> • ■의 9배는 4 × 7보다 큽니다.
> • ■를 5번 더하면 30보다 작습니다.

4 예진, 민기, 다영, 지후가 **0**부터 **9**까지의 수가 한 개씩 적힌 숫자 카드 중 한 장씩을 가지고 있습니다. 각각 어떤 숫자 카드를 가지고 있나요?

> • 예진이와 민기가 가지고 있는 수를 곱하면 **0**입니다.
> • 민기와 다영이가 가지고 있는 수를 곱하면 **12**입니다.
> • 민기와 지후가 가지고 있는 수를 곱하면 **21**입니다.

5 ★, ●, ♥, ■가 서로 다른 수일 때 ★＋●＋♥＋■의 값을 구해 보세요.
(단, ★, ●, ♥, ■는 **30**보다 작은 수입니다.)

> ★×●＝■,   ♥×6＝■,   ★×5＝40

6 ☐ 안의 수는 이웃한 ◯ 안의 두 수의 곱과 같습니다. 빈 곳에 알맞은 수를 써넣으세요.
(단, ◯ 안의 수는 **1**이 아닙니다.)

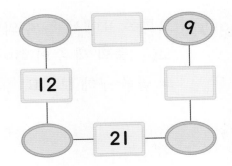

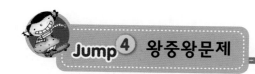
7 0부터 9까지 10장의 숫자 카드가 있습니다. 이 중에서 서로 다른 6장을 뽑아 다음 식을 만들려고 합니다. 빈 카드에 알맞은 숫자를 써넣으세요.

$$\boxed{} \times \boxed{} = \boxed{}\ \boxed{7} - \boxed{2}\ \boxed{1}$$

8 0부터 9까지의 어떤 수 중에서 다음 조건을 모두 만족하는 수들의 합을 구해 보세요.

> • 어떤 수의 6배는 40보다 작습니다.
> • 어떤 수의 5배보다 5만큼 더 큰 수는 20보다 큽니다.

9 오른쪽 표에서 두 수의 위치를 서로 바꾸면 가로(→)줄과 세로(↓)줄의 세 수의 합이 모두 같아집니다. 위치를 바꾼 두 수의 곱을 구해 보세요.

8	1	6
3		9
4	7	2

10 네 자리 수 ㉠㉡㉢㉣이 있습니다. 각 자리에 있는 숫자끼리의 곱이 다음과 같을 때 ㉠+㉡+㉢+㉣의 값은 얼마가 되는지 구해 보세요.

$$㉠×㉡=12 \quad ㉡×㉢=36 \quad ㉢×㉣=45$$

11 ■와 ▲는 10보다 작은 수라고 할 때, ■+▲의 값을 구해 보세요.

$$■-▲=3 \quad ■×▲=28$$

12 다음 조건을 모두 만족하는 사과의 수를 구해 보세요.

- 40개보다 적은 수의 사과가 있습니다.
- 4개씩 포장을 하면 3개가 남습니다.
- 6개씩 포장을 하면 5개가 남습니다.
- 8개씩 포장을 하면 7개가 남습니다.

13 보기와 같은 규칙에 따라 ㉠과 ㉡에 알맞은 수의 곱을 구해 보세요.

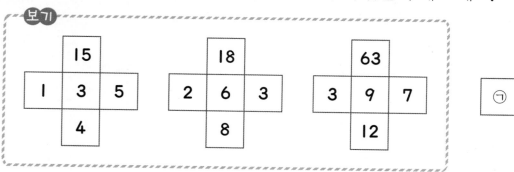

14 유승이와 수빈이는 각각 1, 2, 3, 4, ……와 같이 1부터 차례대로 수를 쓰려고 합니다. 유승이는 **5**단 곱셈구구의 곱은 쓰지 않고, 수빈이는 **7**단 곱셈구구의 곱은 쓰지 않기로 했습니다. 유승이와 수빈이가 **20**번째에 쓰는 수를 각각 ㉠, ㉡이라 할 때 ㉠+㉡의 값을 구해 보세요.

15 **0**부터 **9**까지의 수가 하나씩 적힌 수 카드가 한 장씩 있습니다. 이 중에서 유승이가 **3**장, 수빈이가 **7**장을 가져갔습니다. 수빈이가 가져간 **7**장의 수의 합이 유승이가 가져간 **3**장의 수의 합의 **8**배가 되도록 가져가는 방법은 모두 몇 가지인가요?

16 못 6개의 길이는 클립 18개의 길이와 같습니다. 못 15개의 길이는 클립 몇 개의 길이와 같은가요?

17 1, 2, 3의 3개의 수 중 서로 다른 두 수를 사용하여 두 수의 합과 곱을 만들었더니 보기와 같이 2, 3, 4, 5, 6으로 5개의 서로 다른 수가 만들어졌습니다. 5개의 수 0, 1, 2, 3, 4의 5개의 수 중 서로 다른 두 수를 사용하여 두 수의 합과 곱을 이용하여 만들 수 있는 서로 다른 수는 모두 몇 개인가요?

보기

$1+2=\boxed{3}$　　$1+3=\boxed{4}$　　$2+3=\boxed{5}$

$1\times2=\boxed{2}$　　$1\times3=3$　　$2\times3=\boxed{6}$

18 오른쪽과 같이 몇십몇인 수에서 십의 자리 숫자와 일의 자리 숫자를 곱하여 새로운 수를 만들어 갈 때 마지막 계산 결과가 5가 되는 몇십몇은 모두 몇 개인지 구해 보세요.

74
↓
$7\times4=28$
↓
$2\times8=16$
↓
$1\times6=6$

1 예슬이네 농장에는 돼지와 오리를 모두 **17**마리 키우고 있습니다. 농장에 있는 돼지와 오리의 다리의 수를 세어 보니 모두 **52**개였다면 돼지는 오리보다 몇 마리 더 많은가요?

2 올해 석기의 나이는 **14**살이고 동생의 나이는 **2**살입니다. 석기의 나이가 동생의 나이의 **3**배가 되는 때는 몇 년 후인가요?

길이 재기

💬 **이야기 수학**

🏠 **자가 없던 옛날 사람들은 어떻게 길이를 재었을까요?**

우리는 자가 있어 길이를 편리하게 잴 수 있습니다.

그렇다면 자가 없던 옛날 사람들은 어떻게 길이를 재었을까요?

옛날 이집트 사람들은 자신의 몸의 일부를 사용하여 길이를 재었다고 합니다.

- 큐빗 : 팔을 구부렸을 때 팔꿈치에서부터 중지손가락 끝까지의 길이
- 스팬 : 손가락을 짝 벌렸을 때 엄지손가락에서 새끼손가락까지의 길이
- 디지트 : 어른 손가락의 폭

큐빗(cubit)

스팬(span)

디지트(digit)

🏀 **1 m 알아보기**

• **100 cm**를 **1미터**라고 합니다.
• **1미터**를 **1 m**라고 씁니다.

$$100 \text{ cm} = 1 \text{ m}$$

1m

🏀 **1 m가 넘는 길이 알아보기**

• **126 cm**는 **1 m**보다 **26 cm** 더 깁니다.
• **126 cm**를 **1 m 26 cm**라고 씁니다.
• **1 m 26 cm**를 **1미터 26센티미터**라고 읽습니다

$$126 \text{ cm} = 1 \text{ m } 26 \text{ cm}$$

🏀 **줄자를 사용하여 길이 재는 방법**

① 물건의 한끝을 줄자의 눈금 **0**에 맞춥니다.
② 물건의 다른 쪽 끝에 있는 줄자의 눈금을 읽습니다.

Jump 도우미

---

1 ☐ 안에 알맞은 수를 써넣으세요.

(1) **600** cm = ☐ m　　(2) **4** m = ☐ cm

(3) **317** cm = ☐ cm + **17** cm

= ☐ m + **17** cm = ☐ m ☐ cm

> • cm와 m의 관계
> **100** cm = **1** m
> **200** cm = **2** m
> **300** cm = **3** m
> ⋮
> **900** cm = **9** m

2 우리 주변의 물건의 길이를 자로 재고, 자로 잰 길이를 두 가지 방법으로 나타내 보세요.

물건	☐ cm	☐ m ☐ cm
책상의 길이		
교실 문의 높이		

> ☆ cm를 m로 고칠 때에는 백의 자리 숫자가 m가 됩니다.

3 막대의 길이가 **132** cm입니다. 막대의 길이는 몇 m 몇 cm인가요?

> 1 m는 1 cm 눈금으로 100번 잰 것과 같습니다.
> $$100 \text{ cm} = 1 \text{ m}$$

4 선물을 포장하는 데 색 테이프를 **1 m 56** cm 사용하였습니다. 사용한 색 테이프의 길이는 몇 cm인가요?

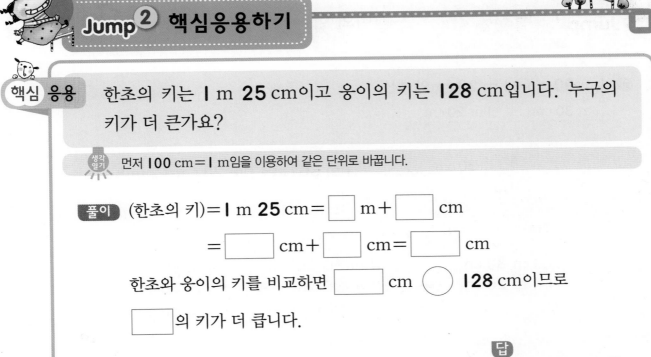

핵심 응용   한초의 키는 1 m 25 cm이고 웅이의 키는 128 cm입니다. 누구의 키가 더 큰가요?

생각열기   먼저 100 cm=1 m임을 이용하여 같은 단위로 바꿉니다.

풀이   (한초의 키)=1 m 25 cm= ☐ m+ ☐ cm

= ☐ cm+ ☐ cm= ☐ cm

한초와 웅이의 키를 비교하면 ☐ cm ◯ 128 cm이므로

☐ 의 키가 더 큽니다.

답 _____

3
단원

확인 1

관계있는 것끼리 선으로 연결한 것입니다. ☐ 안에 알맞은 수를 써넣으세요.

2 m 65 cm · · 1 m 53 cm

376 cm · · ☐ cm

☐ cm · · ☐ m 76 cm

확인 2

◯ 안에 >, =, <를 알맞게 써넣으세요.

(1) 632 cm ◯ 6 m 43 cm

(2) 817 cm ◯ 8 m 9 cm

확인 3

길이가 가장 긴 것부터 차례대로 기호를 쓰세요.

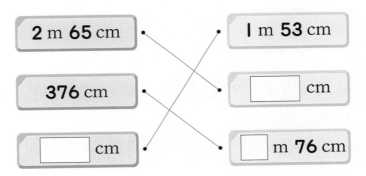

㉠ 5 m 80 cm   ㉡ 498 cm
㉢ 4 m 71 cm   ㉣ 549 cm

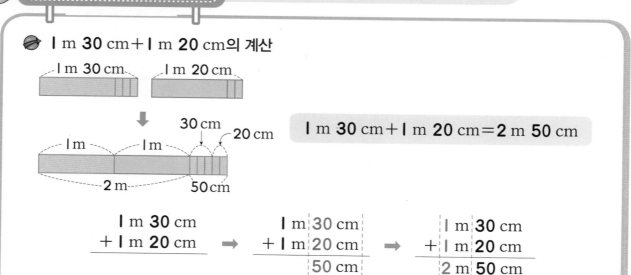

🌑 **1 m 30 cm + 1 m 20 cm의 계산**

1 m 30 cm + 1 m 20 cm = 2 m 50 cm

$$
\begin{array}{r}
1\,\text{m}\ 30\,\text{cm} \\
+\ 1\,\text{m}\ 20\,\text{cm} \\
\hline
\end{array}
\Rightarrow
\begin{array}{r}
1\,\text{m}\ 30\,\text{cm} \\
+\ 1\,\text{m}\ 20\,\text{cm} \\
\hline
50\,\text{cm}
\end{array}
\Rightarrow
\begin{array}{r}
1\,\text{m}\ 30\,\text{cm} \\
+\ 1\,\text{m}\ 20\,\text{cm} \\
\hline
2\,\text{m}\ 50\,\text{cm}
\end{array}
$$

Jump 도우미

1 ☐ 안에 알맞은 수를 써넣으세요.

┌─── 4m 26cm ───┬─── 3m 63cm ───┐

☐ m ☐ cm

2 다음 두 막대의 길이의 합은 몇 m 몇 cm인가요?

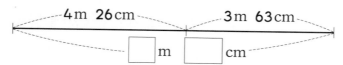

2m 40cm   3m 50cm

길이의 합에서 m는 m끼리, cm는 cm끼리 더합니다.

3 길이가 1 m 27 cm인 줄넘기와 1 m 54 cm인 줄넘기를 겹치지 않게 길게 이었습니다. 이은 줄넘기의 길이는 몇 m 몇 cm인가요?

★ 두 줄넘기의 길이를 더해 봅니다.

4 석기의 키는 1 m 40 cm이고 동생의 키는 126 cm입니다. 석기와 동생의 키의 합은 몇 m 몇 cm인가요?

★ 126 cm는 몇 m 몇 cm인지 알아봅니다.

 핵심 응용

노란색 테이프의 길이는 파란색 테이프의 길이보다 **1** m **24** cm 더 길고 빨간색 테이프의 길이는 노란색 테이프의 길이보다 **213** cm 더 깁니다. 파란색 테이프의 길이가 **1** m **32** cm일 때 빨간색 테이프의 길이는 몇 m 몇 cm인가요?

생각열기 길이를 계산할 때 m는 m끼리 cm는 cm끼리 계산합니다.

3
단원

풀이 (노란색 테이프의 길이)=(파란색 테이프의 길이)+ ☐ m ☐ cm

=**1** m **32** cm+ ☐ m ☐ cm

= ☐ m ☐ cm

(빨간색 테이프의 길이)=(노란색 테이프의 길이)+ ☐ cm이고

213 cm= ☐ m ☐ cm이므로

(빨간색 테이프의 길이)= ☐ m ☐ cm+ ☐ m ☐ cm

= ☐ m ☐ cm

답 _____

 확인 **1**   ○ 안에 >, =, <를 알맞게 써넣으세요.

5 m+**135** cm ◯ **319** cm+**2** m **45** cm

 확인 **2**   소나무의 높이는 **713** cm이고 느티나무의 높이는 소나무보다 **25** cm 더 높습니다. 소나무와 느티나무의 높이의 합은 몇 m 몇 cm인가요?

 확인 **3**   가장 긴 길이와 가장 짧은 길이의 합은 몇 m 몇 cm인가요?

㉠ **367** cm   ㉡ **3** m **49** cm   ㉢ **3** m **9** cm

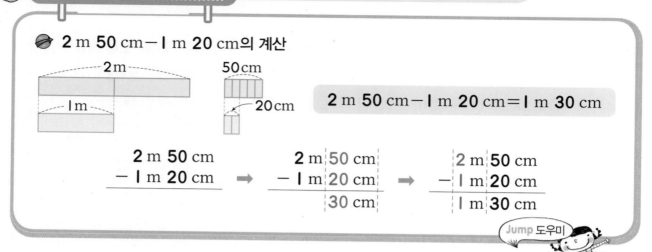

🪐 **2 m 50 cm − 1 m 20 cm의 계산**

2 m 50 cm − 1 m 20 cm = 1 m 30 cm

Jump 도우미

1 ☐ 안에 알맞은 수를 써넣으세요.

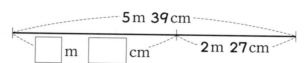

길이의 차에서 m는 m끼리 cm는 cm끼리 뺍니다.

2 빨간색 리본의 길이는 파란색 리본의 길이보다 몇 m 몇 cm 더 긴지 구해 보세요.

3 예슬이의 키는 1 m **46** cm이고 가영이의 키는 1 m **29** cm입니다. 예슬이는 가영이보다 몇 cm 더 큰가요?

⭐ (예슬이의 키)−(가영이의 키)

4 동민이네 집 앞에는 높이가 **5** m **43** cm인 나무와 **438** cm인 가로등이 있습니다. 나무는 가로등보다 몇 m 몇 cm 더 높은가요?

⭐ **438** cm는 몇 m 몇 cm인지 알아봅니다.

핵심 응용 오른쪽 사각형에서 가장 긴 변의 길이는 가장 짧은 변의 길이보다 몇 m 몇 cm 더 긴지 구해 보세요.

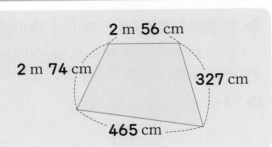

2 m 56 cm

2 m 74 cm

327 cm

465 cm

 먼저 길이가 가장 긴 변과 가장 짧은 변을 찾습니다.

3
단원

풀이 단위를 cm로 바꾸어 변의 길이를 비교해 봅니다.

2 m 74 cm = ☐ cm, 2 m 56 cm = ☐ cm

사각형에서 가장 긴 변의 길이는 ☐ cm이고 가장 짧은 변의 길이는

☐ m ☐ cm입니다.

☐ cm = 1 m이므로 가장 긴 변의 길이는 ☐ m ☐ cm입니다.

따라서 가장 긴 변의 길이는 가장 짧은 변의 길이보다

☐ m ☐ cm − ☐ m ☐ cm = ☐ m ☐ cm 더 깁니다.

답 _____

 1 길이가 4 m 78 cm인 철사가 있었습니다. 이 철사를 미술 시간에 사용하고 남은 길이를 재어 보니 249 cm였습니다. 미술 시간에 사용한 철사의 길이는 몇 cm인가요?

 2 길이가 1 m 30 cm인 색 테이프 3장을 그림과 같이 6 cm씩 겹치게 이어 붙였습니다. 이어 붙인 색 테이프의 길이는 몇 m 몇 cm인가요?

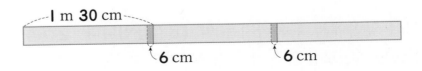

1 m 30 cm

6 cm   6 cm

🏀 내 몸의 일부를 이용하여 1 m 재어 보기

• 1 m는 뼘으로 몇 번 정도가 되는지 재어 보기 ➡ **7번**
• 1 m는 걸음으로 몇 걸음 정도가 되는지 재어 보기 ➡ **2걸음**

🏀 내 몸에서 약 1 m 찾아보기

키에서 약 1 m 찾기

양팔 사이의 길이에서 약 1 m 찾기

🏀 1 m 보다 긴 길이 어림하기

• 축구 골대의 길이 어림하기 ➡ 예 1걸음이 약 **50** cm일때 **10**걸음이 나오면 약 **5** m
• **10** m 길이 어림하기 ➡ 예 축구 골대 길이의 **2**배로 어림
• **20** m 길이 어림하기 ➡ 예 **10** m 길이의 **2**배로 어림
• **30** m 길이 어림하기 ➡ 예 **10** m 길이의 **3**배로 어림

1 교실 게시판의 가로를 몸의 일부를 이용하여 재려고 합니다. 어느 부분으로 재면 가장 적은 횟수로 잴 수 있는지 찾아보세요.

> 한 뼘   양팔   한 걸음

몸의 일부 중에서 길이가 가장 긴 부분을 찾아봅니다.

2 다음 중 한 걸음의 길이를 단위로 하여 나타낼 수 있는 것을 모두 찾아 기호를 쓰세요.

> ㉠ 교실의 길이   ㉡ 필통의 길이
> ㉢ 빨대의 길이   ㉣ 운동장의 길이

한 걸음의 길이는 걸을 때 앞발의 앞부분에서 뒷발의 앞부분까지입니다.

3 교실 앞쪽에서 뒤쪽까지는 약 **18**걸음입니다. **2**걸음이 1 m일 때, 교실 앞쪽에서 뒤쪽까지의 거리는 약 몇 m인지 구해 보세요.

핵심 응용

예슬이의 양팔 사이의 길이는 120 cm이고, 한초의 양팔 사이의 길이는 130 cm입니다. 두 사람이 각각 가지고 있는 끈의 길이를 양팔로 재었더니 예슬이는 2번, 한초는 3번이었습니다. 누구의 끈이 몇 m 몇 cm 더 긴가요?

생각 열기 두 사람이 가지고 있는 끈의 길이를 알아봅니다.

풀이 예슬이가 가지고 있는 끈의 길이는

[ ] cm + [ ] cm = [ ] cm = [ ] m [ ] cm,

한초가 가지고 있는 끈의 길이는

[ ] cm + [ ] cm + [ ] cm = [ ] cm = [ ] m [ ] cm

따라서 한초의 끈이

[ ] m [ ] cm − [ ] m [ ] cm = [ ] m [ ] cm 더 깁니다.

답 _____

 1 가영이의 한 걸음의 길이는 45 cm인데 가영이의 키는 3걸음의 길이와 같습니다. 가영이의 키는 몇 cm인가요?

 2 축구 골대의 길이를 상연이는 5 m 50 cm로 어림하였고 웅이는 상연이보다 20 cm 더 길게 어림하였습니다. 실제 축구 골대의 길이는 웅이가 어림한 길이보다 50 cm 더 짧다고 합니다. 축구 골대의 길이는 몇 m 몇 cm인가요?

 3 영수는 학교 운동장의 짧은 쪽의 길이를 발걸음으로 어림했습니다. 영수의 한 걸음의 길이는 약 60 cm이고 걸음 수는 80걸음이었습니다. 운동장의 짧은 쪽의 길이는 약 몇 m인가요?

1 나무 막대의 길이는 몇 m 몇 cm인가요?

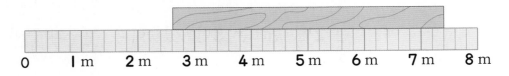

| 0 | 1 m | 2 m | 3 m | 4 m | 5 m | 6 m | 7 m | 8 m |

2 상연, 한별, 용희는 공 던지기 놀이를 하였습니다. 상연이는 19 m 46 cm를 던졌고 한별이는 상연이보다 75 cm 더 멀리 던졌습니다. 용희는 한별이보다 18 cm 더 적게 던졌다면 용희는 공을 몇 m 몇 cm를 던졌나요?

3 가영이네 집에서 문구점을 거쳐 학교까지 가는 거리는 몇 m 몇 cm인가요?

4 한솔, 동민, 석기가 달리기를 하였습니다. 동시에 달리기를 하여 한솔이가 목표 지점에 도착했을 때 동민이는 **9 m 50 cm** 뒤에 있었고 석기는 동민이보다 **3 m 80 cm** 뒤에 있었습니다. 한솔이가 목표 지점에 도착했을 때 석기는 목표 지점까지 몇 m 몇 cm 남았는지 구해 보세요.

3 단원

5 가영이는 **4 m 90 cm**의 색 테이프로 오른쪽과 같이 상자를 묶었습니다. 매듭의 길이가 **30 cm**라면 상자를 묶고 남은 색 테이프는 몇 m 몇 cm인가요?

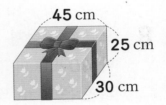

45 cm
25 cm
30 cm

6 그림을 보고 ㉠에서 ㉣까지의 거리는 몇 m 몇 cm인지 구해 보세요.

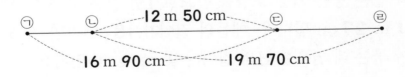

㉠   ㉡   12 m 50 cm   ㉢   ㉣
16 m 90 cm   19 m 70 cm

7 다음을 읽고 키가 가장 큰 사람과 가장 작은 사람의 키의 차를 구해 보세요.

> • 은우는 소라보다 **2** cm 더 큽니다.
> • 수경이는 태주보다 **4** cm 더 작고, 은우보다 **2** cm 더 큽니다.
> • 소라는 **3** m **97** cm보다 **261** cm 작습니다.

8 오른쪽 삼각형 ㄱㄴㄷ에서 변 ㄴㄷ은 변 ㄱㄴ보다 **40** cm 더 깁니다. 이 삼각형의 세 변의 길이의 합은 몇 m 몇 cm인가요?

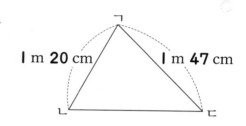

ㅣm **20** cm   ㅣm **47** cm

9 오른쪽과 같은 둥근 기둥 모양을 끈으로 **ㅣ**번 감는 데 필요한 끈의 길이는 **ㅣ** m **27** cm입니다. 매듭의 길이가 **18** cm라면 이 모양을 **3**번 감아 묶는 데 필요한 끈의 길이는 몇 m 몇 cm인가요?

10 교실 창문의 긴 쪽의 길이는 웅이의 걸음으로 **3**걸음입니다. 웅이의 **1**걸음은 **40** cm이고 신영이의 **1**걸음은 **30** cm입니다. 교실 창문의 긴 쪽의 길이는 신영이의 걸음으로 몇 걸음인가요?

11 그림과 같이 길이가 서로 다른 **6**개의 막대를 쌓았습니다. ㉮와 ㉯의 길이의 합은 몇 m 몇 cm인가요?

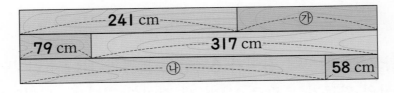

12 우체국에서 병원까지 가는 데 다음과 같이 두 가지 길이 있습니다. **가, 나** 중 어느 길로 가는 것이 몇 m 더 짧은지 구해 보세요.

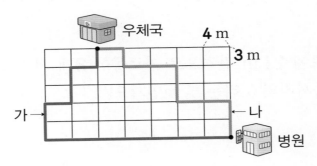

13 길이가 **6** cm인 테이프 **5**장을 그림과 같이 일정하게 겹치도록 이었더니 전체의 길이가 **22** cm였습니다. 겹쳐진 부분 하나의 길이는 몇 cm인가요?

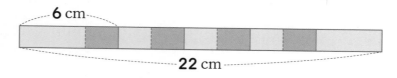

14 책상의 가로를 재는 데 길이가 **6** cm인 분필과 **18** cm인 색연필을 사용하였습니다. 책상의 가로가 분필로 **12**번 잰 길이와 같다면, 색연필로는 몇 번 잰 길이와 같은가요?

15 공원의 산책로에 **21** m 간격으로 가로등이 **8**개 서 있습니다. 처음 가로등에서 마지막 가로등까지의 거리는 몇 m인가요?

80점 이상 ▶ 왕중왕문제를 풀어 보세요.

60점 이상~80점 미만 ▶ 틀린 문제를 다시 확인 하세요.

60점 미만 ▶ 핵심 알기부터 다시 풀어 보세요.

16 길이가 **1** m **13** cm인 테이프 **2**장과 **2** m **28** cm인 테이프 **2**장을 그림과 같이 이어 붙였습니다. 테이프 전체의 길이는 몇 m 몇 cm인가요?

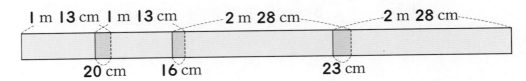

17 세 변의 길이가 모두 같은 삼각형으로 다음과 같은 모양을 만들었습니다. 삼각형의 한 변의 길이가 **3** cm일 때 여덟째 모양의 둘레는 몇 cm인가요?

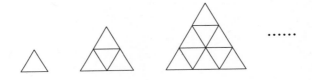

18 도윤이는 친구들과 전봇대에서 **7** m 떨어진 곳을 어림하여 맞히는 놀이를 하였습니다. 각자가 표시한 곳까지의 실제 거리를 재어 보았더니 다음과 같았습니다. 실제 거리와 어림한 거리의 차가 가장 작은 사람부터 차례대로 이름을 써 보세요.

이름	도윤	정화	태수	은희	혜수
실제 거리	6 m 40 cm	6 m 84 cm	7 m 32 cm	6 m 18 cm	7 m 51 cm

3
단원

1 길이가 각각 **1** cm, **3** cm, **5** cm인 눈금 없는 막대가 **1**개씩 있습니다. 이 막대들을 이용하여 잴 수 있는 길이는 모두 몇 가지인가요?

| 1 cm | 3 cm | 5 cm |

2 달팽이가 나무 위를 하루 동안 낮에는 **30** cm 올라가고, 밤에는 자는 동안 **10** cm 미끄러집니다. 달팽이가 **1** m **60** cm 위 지점까지 올라가는 데 며칠이 걸리는지 구해 보세요.

3 오른쪽과 같이 **3**가지 길이의 철사가 이어져 있고, 연결 부분이 자유롭게 움직일 수 있는 도구가 있습니다. 이 도구를 이용하여 잴 수 있는 길이가 **10** cm, **20** cm, **30** cm, **40** cm, **50** cm, **60** cm, **80** cm, **90** cm일 때 ㉠의 길이를 구해 보세요.

4 오른쪽 그림은 개미가 이동한 길을 빨간색 선으로 나타낸 것입니다. 개미가 이동한 거리는 모두 몇 m 몇 cm인가요?

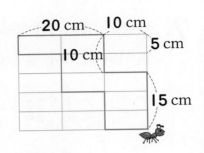

5 오른쪽 그림과 같이 네 변의 길이가 모두 같고 한 변의 길이가 **20** cm인 사각형 모양의 색종이 **7**장을 **2** cm씩 겹치도록 이어 붙였습니다. 이어 붙인 모양의 둘레는 몇 m 몇 cm인가요?

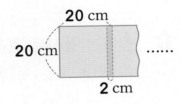

6 상연이는 다음 그림과 같이 길을 따라 예슬이네 집에 가려고 합니다. 가장 짧은 길을 이용하여 예슬이네 집에 가려고 할 때 몇 m를 가야 하나요?

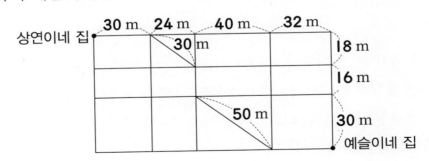

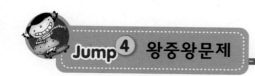

7 다음과 같이 10개의 막대를 쌓았습니다. **가** 막대의 길이는 **나** 막대와 **다** 막대의 길이의 합보다 몇 cm 더 긴지 구해 보세요.

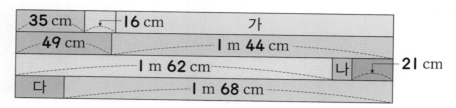

8 웅이는 철사로 왼쪽과 같은 삼각형을 만들었습니다. 이 철사를 펴서 오른쪽과 같이 마주 보는 두 변의 길이가 같은 사각형을 만들었습니다. 만든 사각형의 ㉠의 길이는 몇 m 몇 cm인가요?

9 예슬이와 동생은 길이가 1 m 41 cm인 나무 막대를 뼘으로 재었습니다. 예슬이는 왼쪽부터 7뼘을 동생은 오른쪽부터 3뼘을 동시에 재었더니 예슬이와 동생의 손가락 끝부분이 만났습니다. 예슬이의 한 뼘의 길이가 15 cm일 때 동생의 한 뼘의 길이는 몇 cm인가요?

10 길이가 **2** m **50** cm인 나무 막대가 **2**도막으로 부러졌습니다. 부러진 **2**도막의 길이의 차가 **30** cm일 때 **2**도막의 길이는 각각 몇 m 몇 cm인지 구해 보세요.

11 **가**, **나**, **다**, **라** **4**개의 막대가 있습니다. **가** 막대는 **다** 막대보다 **25** cm 더 짧고, **나** 막대는 **라** 막대보다 **20** cm 더 짧습니다. **다** 막대가 **라** 막대보다 **3** cm 더 짧을 때, 길이가 가장 긴 것부터 차례대로 써 보세요.

12 네 변의 길이가 모두 같고 네 변의 길이의 합이 **1** m인 사각형 모양의 종이가 있습니다. 이 종이로 네 변의 길이가 모두 같고 한 변의 길이가 **5** cm인 사각형 모양의 카드를 될 수 있는대로 많이 만든다면 몇 장까지 만들 수 있는지 구해 보세요.

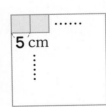

13 은지는 다음과 같이 두 가지 방법으로 선물 상자를 묶었습니다. 상자를 묶은 매듭의 길이는 모두 **45** cm로 하였을 때, 두 가지 방법으로 사용한 끈 중에서 긴 것은 짧은 것보다 몇 cm 더 긴지 구해 보세요.

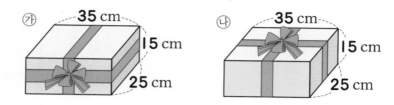

14 유승이는 **2** m **45** cm인 색 테이프 **4**장을, 한솔이는 **2** m **75** cm인 색 테이프 **3**장을 그림과 같이 ㉠ cm씩 겹쳐지도록 이어 붙였습니다. 이어 붙인 색 테이프의 길이는 유승이의 색 테이프가 한솔이의 색 테이프보다 **l** m **40** cm 더 길었습니다. 이때 ㉠은 얼마인지 구해 보세요.

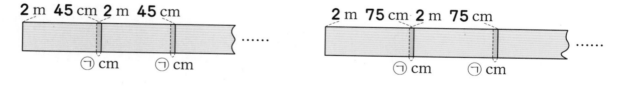

15 친구들의 키를 비교한 것입니다. 키가 가장 큰 사람과 키가 가장 작은 사람의 키의 차는 몇 cm인지 구해 보세요.

> • 유승이는 수빈이보다 **6** cm 더 크고, 수빈이는 예나보다 **8** cm 더 작습니다.
> • 예나는 형석이보다 **7** cm 더 크고, 형석이는 은지보다 **7** cm 더 큽니다.
> • 은지는 한솔이보다 **5** cm 더 크고, 한솔이가 **46** cm 더 크면 **l** m **72** cm가 됩니다.

16 길이가 **12** cm, **18** cm, **30** cm인 **3**개의 눈금이 없는 막대가 있습니다. 이 **3**개의 나무 막대를 이용하여 잴 수 있는 길이는 모두 몇 가지인가요?

17 크기가 같은 작은 상자 **2**개와 큰 상자 한개를 그림과 같이 ㉮, ㉯ 두 가지 방법으로 놓고 길이를 재어 보니 그림과 같았습니다. 이때 큰 상자의 높이 ㉠은 몇 cm인지 구해 보세요.

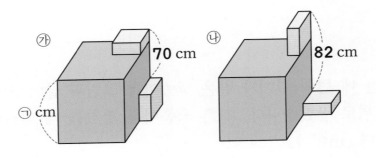

18 오른쪽 그림과 같은 막대 **가, 나, 다, 라**가 있습니다. ㉠이 ㉡보다 **16** cm 더 길고, ㉡은 ㉢보다 **16** cm 더 길다고 합니다. 막대 **4**개의 길이의 합이 **3** m **84** cm일 때, 막대 **가**의 길이는 몇 m 몇 cm인지 구해 보세요.

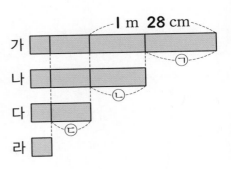

1 오른쪽 그림에서 작은 사각형의 네 변의 길이는 모두 같습니다. 이 사각형 위에 오른쪽 그림과 같이 리본을 접어서 놓았을 때, 리본의 길이는 몇 cm인가요?

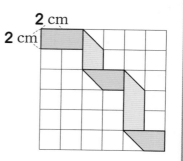

2 동민이는 네 변의 길이가 같은 색종이를 그림과 같이 **2**번 접은 후 점선을 따라 가위로 잘랐습니다. 자른 색종이를 펼쳤을 때 만들어지는 큰 도형의 둘레는 몇 cm인가요?

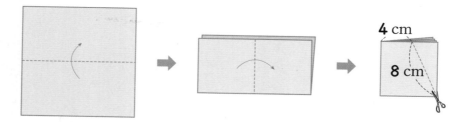

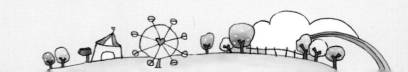

1 몇 시 몇 분 읽어 보기

2 여러 가지 방법으로 시각 읽기

3 I시간, 걸린 시간 알아보기

4 하루의 시간 알아보기

5 달력 알아보기

💬 **이야기 수학**

🏠 **I주일이 7일인 이유?**

만약 I주일이 5일이었으면 얼마나 좋을까요? 3일은 학교를 가고, 2일은 집에서 가족들과 쉬고……

너무 좋을 것 같지 않나요? 그런데 I주일을 왜 7일로 정했을까요?

거기에는 여러 가지 이야기들이 전해져 옵니다.

첫 번째는 달의 모양이 7일마다 변하기 때문에 I주일을 7일로 정했을 것이라는 이야기입니다.

초승달 → **7일** → 상현달 → **7일** → 보름달 → **7일** → 하현달 → **7일** → 그믐달

두 번째는 망원경이 나오기 전까지 옛날 사람들은 해와 달, 그리고 눈으로 볼 수 있었던 화성, 수성, 목성, 금성, 토성이 돌아가며 하루씩 날을 지배한다고 생각했기 때문에 I주일을 7일로 정했을 것이라는 이야기입니다. 이 이야기가 더욱 설득력이 있는 것은 현재의 요일 명이 7개의 행성의 이름 또는 각 행성에 해당하는 신화 속 신의 이름을 따온 것이기 때문입니다.

- 시계에서 긴바늘이 가리키는 작은 눈금 한 칸은 **1**분을 나타냅니다.
- 긴바늘이 숫자 **1**, **2**, **3**, ……을 가리키면 각각 **5**분, **10**분, **15**분, ……을 나타냅니다.
- 오른쪽 그림의 시계가 나타내는 시각은 **7**시 **26**분입니다.
- **7**시 **26**분은 짧은바늘이 **7**과 **8** 사이를 가리키고 긴바늘은 **5**에서 작은 눈금 **1**칸을 더 간 곳을 가리키는 시각입니다.

Jump 도우미

1 시각을 읽어 보세요.

(1)    (2)

★ 작은 눈금 한 칸은 **1**분을 나타냅니다.

2 시각에 맞도록 시계의 긴바늘을 그려 넣으세요.

(1)    (2)

1시 **15**분   **6**시 **52**분

★ 시계의 긴바늘이 나타내는 것은 분이고, 짧은바늘이 나타내는 것은 시입니다.

3 같은 시각끼리 선으로 이어 보세요.

·   ·   ·

·   ·   ·

12시 **35**분   **8**시 **56**분   **3**시 **19**분

모든 시계가 긴바늘과 짧은바늘로 이루어진 것은 아닙니다.
다음처럼 숫자로 이루어진 시계도 있습니다.

```
11:15
```

Jump ② 핵심응용하기

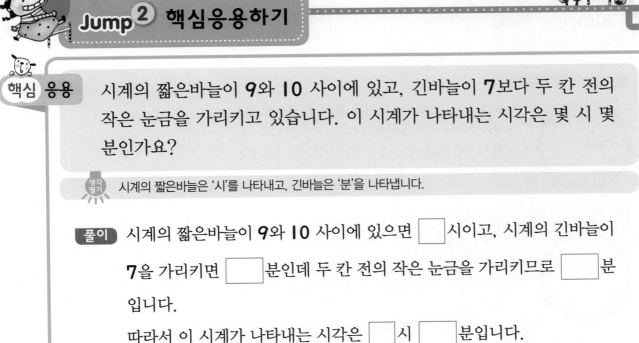

핵심 응용

시계의 짧은바늘이 **9**와 **10** 사이에 있고, 긴바늘이 **7**보다 두 칸 전의 작은 눈금을 가리키고 있습니다. 이 시계가 나타내는 시각은 몇 시 몇 분인가요?

생각열기 시계의 짧은바늘은 '시'를 나타내고, 긴바늘은 '분'을 나타냅니다.

풀이 시계의 짧은바늘이 **9**와 **10** 사이에 있으면 ☐시이고, 시계의 긴바늘이

7을 가리키면 ☐분인데 두 칸 전의 작은 눈금을 가리키므로 ☐분

입니다.

따라서 이 시계가 나타내는 시각은 ☐시 ☐분입니다.

답 _____

4
단원

---

  1 오른쪽 시계의 긴바늘이 작은 눈금 **19**칸을 더 움직이면 몇 시 몇 분인지 구해 보세요.

---

  2 다음은 어느 날 석기가 오전 동안 한 일을 시계에 나타낸 것입니다. 시계를 보고 석기가 한 일을 순서대로 써 보세요.

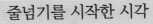

| 독서를 시작한 시각 | TV를 보기 시작한 시각 | 줄넘기를 시작한 시각 |

---

  3 가영이가 숙제를 마친 시각은 오후 **5**시 **30**분입니다. 가영이가 숙제를 **45**분 동안 했다면, 숙제를 시작한 시각은 오후 몇 시 몇 분인가요?

🪐 **몇 시 몇 분 전**

- 시계가 나타내는 시각은 **8**시 **55**분입니다.
- **9**시가 되려면 **5**분이 더 지나야 합니다.
- **8**시 **55**분을 **9**시 **5**분 전이라고도 합니다.

🏀 **시각을 모형 시계에 나타내기**

7시 **10**분 전

- 모형시계의 짧은바늘은 **6**과 **7**사이에서 **7**에 더 가까운 곳을 가리키도록 그립니다.
- 모형 시계의 긴바늘은 **10**을 가리키도록 그립니다.

Jump 도우미

주의

시각을 '~분 전'이라고 나타낼 때는 주로 '**5**분 전', '**10**분 전', '**15**분 전' 등으로 나타냅니다. '**30**분 전' '**40**분 전', '**50**분 전'과 같은 말은 잘 사용하지 않습니다.

1 ☐ 안에 알맞은 수를 써넣으세요.

(1) **2**시 **50**분은 ☐시 ☐분 전입니다.

(2) **3**시 **45**분은 ☐시 ☐분 전입니다.

(3) **5**시 **5**분 전은 ☐시 ☐분입니다.

(4) **7**시 **8**분 전은 ☐시 ☐분입니다.

2 같은 시각을 나타낸 것끼리 이어 보세요.

 •  •  • 5시 10분 전

 •  • 6시 15분 전

3 시계에 시각을 나타내 보세요.

(1) **9**시 **10**분 전   (2) **1**시 **15**분 전

Jump ② 핵심응용하기

핵심 응용 유승이와 수빈이는 오른쪽 시계가 나타내는 시각에 만나기로 약속했습니다. 약속을 지키지 못한 사람은 누구인지 알아보세요.

> 유승 : 나는 **4**시 **10**분 전에 도착했어!
> 수빈 : 내가 도착한 시간은 **4**시 **5**분이었어!

 약속을 지키지 못한 사람은 정해진 시각보다 늦게 도착한 사람입니다.

풀이 약속한 시간은 ☐시이고 ☐시보다 늦게 온 사람이 약속을 지키지 못한 사람입니다.

도착한 시각은 유승이는 ☐시 ☐분이고 수빈이는 ☐시 ☐분이므로 약속을 지키지 못한 사람은 ☐입니다.

답 _____

4 단원

 1 시계의 짧은바늘은 **4**와 **5** 사이를 가리키고, 긴바늘은 **9**에서 작은 눈금 **2**칸을 더 간 곳을 가리키고 있습니다. 이 시계가 나타내고 있는 시각을 두 가지 방법으로 읽어 보세요.

 2 다음 시각에서 **3**시간 **20**분 전은 몇 시 몇 분인가요?

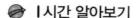

● I시간 알아보기

・시계의 짧은바늘이 **4**에서 **5**로 움직이는 데
　걸린 시간은 I시간입니다.
　시계의 긴바늘이 한 바퀴 도는 데 걸리는 시
　간은 60분입니다.
　I시간은 60분입니다.

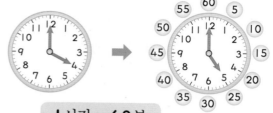

I시간＝60분

● 걸린 시간 알아보기

8시 I0분 20분 30분 40분 50분 **9**시 I0분 20분 30분 40분 50분 I0시

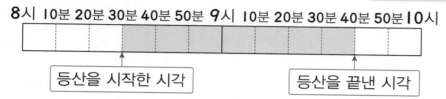

등산을 시작한 시각　　　　　등산을 끝낸 시각

➡ 등산을 하는데 걸린 시간은 I시간 I0분 또는 **70**분입니다.

Jump 도우미

시계의 시각을 각각 읽어 보
고, 두 시각 사이의 시간을 알
아봅니다.

❶ 다음은 어느 날 오후 동민이가 그림 그리기를 시작한 시
　각과 마친 시각을 나타낸 것입니다. 동민이가 그림을 그
　리는 데 걸린 시간은 몇 시간 몇 분인가요?

시작한 시각

마친 시각

❷ 가영이는 어느 날 오후 **5**시 I**5**분에 숙제를 시작하여
　6시 **40**분에 마쳤습니다. 가영이가 숙제를 하는 데 걸린
　시간은 몇 시간 몇 분인가요?

❸ 예슬이는 **2**시 I**0**분에 운동을 시작하여 **35**분 동안 하였
　습니다. 운동을 마친 시각은 몇 시 몇 분 전인가요?

핵심 응용

어느 날 오후 **3**시 **10**분부터 영화가 시작되어 **5**시 **10**분 전에 끝났습니다. 영화가 상영된 시간은 몇 시간 몇 분인가요?

생각 열기 **5**시 **10**분 전은 몇 시 몇 분인지 알아봅니다.

풀이 **5**시 **10**분 전은 **4**시 ☐ 분입니다.

영화가 시작된 **3**시 **10**분부터 **4**시 **10**분까지는 ☐ 시간이고,

4시 **10**분부터 영화가 끝난 **4**시 ☐ 분까지는 ☐ 분입니다.

따라서 영화가 상영된 시간은 ☐ 시간 ☐ 분입니다.

답 _____

4
단원

확인 1 한별이는 어느 날 오후 **3**시 **35**분에 책을 읽기 시작하여 **5**시 **5**분 전에 책 읽기를 마쳤습니다. 한별이가 책을 읽는 데 걸린 시간은 몇 시간 몇 분인가요?

확인 2 영수는 **5**시 **20**분에 공부를 시작하여 **2**시간 **30**분 동안 하였습니다. 공부를 마친 시각은 몇 시 몇 분인가요?

확인 3 유승이는 **30**분씩 **5**가지 직업을 체험했습니다. 직업 체험이 끝난 시각을 나타내고 걸린 시간을 구해 보세요.

시작한 시각   끝난 시각

• 하루는 **24**시간입니다.

$$1일＝24시간$$

• 전날 밤 **12**시부터 낮 **12**시까지를 오전이라 하고 낮 **12**시부터 밤 **12**시까지를 오후라고 합니다.

```
12  1  2  3  4  5  6  7  8  9  10  11  12(시)
                              1  2  3  4  5  6  7  8  9  10  11  12(시)
```

←——————— 12시간(오전) ———————→ ←——————— 12시간(오후) ———————→

←—————————————————— 24시간(1일) ——————————————————→

Jump 도우미

① 어제 오전 **8**시부터 오늘 오전 **8**시까지는 몇 시간인가요?

> **주의**
>
> 시계의 긴바늘이 한 바퀴 도는 데 걸리는 시간이 '**1**시간'입니다. 하루는 **24**시간이므로 시계의 긴바늘은 하루에 **24**바퀴 돕니다.

② **2**일은 몇 시간인지 구해 보세요.

☆ **1**일은 **24**시간입니다.

③ 짧은바늘은 **3**일 동안 몇 바퀴 도는지 구해 보세요.

☆ 짧은바늘은 하루에 **2**바퀴 돕니다.

④ 오전 **9**시부터 오후 **5**시까지는 몇 시간인가요?

⑤ ☐ 안에 알맞은 수를 써넣으세요.

(1) **27**시간＝☐일 ☐시간

(2) **2**일 **3**시간＝☐시간

핵심 응용 한초의 어머니께서는 10월 23일 오전 10시에 병원에 입원하셨다가 10월 25일 오후 3시에 퇴원하셨습니다. 한초의 어머니께서 병원에 입원한 시간은 모두 몇 시간인가요?

생각열기 오전 ■시부터 오후 ●시까지의 시간은 오전 ■시부터 낮 12시까지의 시간과 낮 12시부터 오후 ●시까지의 시간으로 나누어 생각합니다.

풀이 10월 23일 오전 10시부터 10월 25일 오전 10시까지는 ☐일입니다.

10월 25일 오전 10시부터 낮 12시까지는 ☐시간이고,

낮 12시부터 오후 3시까지는 ☐시간이므로,

☐일＋5시간＝☐시간＋☐시간＋5시간＝☐시간입니다.

따라서 한초의 어머니께서 병원에 입원한 시간은 모두 ☐시간입니다.

답 ＿＿＿＿＿＿＿

4
단원

1 어제 오전 9시부터 오늘 오전 11시까지는 몇 시간인가요?

2 예슬이는 오후 10시에 잠이 들었습니다. 다음날 현장 학습을 가기 위해 오전 6시 30분에 일어났습니다. 예슬이가 잠을 잔 시간은 몇 시간 몇 분인가요?

3 영수네 가족은 여행을 다녀왔습니다. 집에서 출발한 시각은 9월 13일 오후 3시이고, 집으로 돌아온 시각은 9월 15일 오후 7시였습니다. 영수네 가족이 여행한 시간은 모두 몇 시간인가요?

📖 1주일

- 1주일은 일요일, 월요일, 화요일, 수요일, 목요일, 금요일, 토요일의 순서로 되어 있습니다.
  따라서 1주일은 7일입니다.

> 1주일＝7일

- 같은 요일의 날짜는 아래로 내려갈수록 7씩 더해집니다. 즉, 같은 요일은 7일마다 반복됩니다.

📖 1년

1년은 1월부터 12월까지 모두 12개월입니다.

> 1년＝12개월

월	1	2	3	4	5	6
날수(일)	31	28(29)	31	30	31	30
월	7	8	9	10	11	12
날수(일)	31	31	30	31	30	31

🌱 **다음은 어느 달의 달력입니다. 물음에 답해 보세요. [1~2]**

일	월	화	수	목	금	토
			1	2	3	4	5
6	7	8	9	10	11	12
13	14	15	16	17	18	19
20	21	22	23	24	25	26
27	28	29	30	31		

1 8일에서 3주일 후는 며칠인가요?

> ★ 같은 요일은 1주일마다 반복됩니다.

2 24일에서 15일 전은 며칠인가요?

> ★ 15일은 2주일보다 하루 더 많습니다.

3 ☐ 안에 알맞은 수를 써넣으세요.

(1) 2년＝☐개월

(2) 32개월＝☐년 ☐개월

> ★ 1년은 12개월입니다.

4 1년 중 날수가 31일인 달을 모두 써 보세요.

> ★ 날수가 31일인 달은 모두 7달 있습니다.

Jump ② 핵심응용하기

핵심 응용 어느 해의 한글날은 토요일입니다. 같은 해의 성탄절은 무슨 요일인가요?

 같은 요일은 **7**일마다 반복됩니다.

풀이 한글날은 **10**월 **9**일이고 성탄절은 **12**월 **25**일입니다.

10월 **9**일이 토요일이므로 **3**주 후 토요일은 **9**+ ☐ = ☐ (일)입니다.

10월은 **31**일까지 있으므로 **11**월 **1**일은 월요일이고 **4**주 후 월요일은

1+ ☐ = ☐ (일)입니다.

11월은 **30**일까지 있으므로 **12**월 **1**일은 수요일이고, **3**주 후 수요일은

1+ ☐ = ☐ (일)이므로 **23**일은 ☐ 요일, **24**일은 ☐ 요일입니다.

따라서 같은 해 성탄절은 ☐ 요일입니다.

답 _____

🌱 다음은 어느 해 **7**월 달력의 일부분입니다. 물음에 답해 보세요. [1~3]

일	월	화	수	목	금	토
						1
2	3	4	5	6	7	8

 1 이달의 금요일의 날짜를 모두 써 보세요.

 2 같은 해 **8**월 **15**일은 무슨 요일인지 구해 보세요.

 3 같은 해 **8**월의 셋째 토요일은 며칠인지 구해 보세요.

1 지금 시계의 짧은바늘은 **2**와 **3** 사이에 있고, 긴바늘은 **5**에서 작은 눈금 **3**칸 더 간 곳을 가리키고 있습니다. 지금 시각에서 **8**시간 후의 시각은 몇 시 몇 분인 가요?

2 **2**시간에 **6**분씩 빨라지는 시계가 있습니다. **4**시에 이 시계를 정확히 맞춰 놓았 다면, **7**시간 후에 이 시계가 가리키는 시각은 몇 시 몇 분인가요?

3 한별이는 **1**시간 **30**분 동안 공부하고 이어서 **20**분 동안 운동을 하였더니 **4**시 **10**분이 되었습니다. 한별이가 공부를 시작한 시각은 몇 시 몇 분인가요?

4 시계가 오늘 오전 **9**시 **15**분에 멈췄습니다. 지금 라디오에서 오후 **6**시를 알렸다 면, 시계가 멈춰 있었던 시간은 몇 시간 몇 분인가요?

5 지금 시각은 10월 30일 오전 8시입니다. 60시간 후는 몇 월 며칠 몇 시인가요?

6 오른쪽은 어느 해 3월 달력의 일부분입니다. 셋째 일요일에서 20일 후는 몇 월 며칠인가요?

일	월	화	수	목	금	토
			1	2	3	4	5
6	7	8	9	10	11	12

7 지금은 9일 오전 11시입니다. 시계의 짧은바늘이 한 바퀴 반을 돌면 며칠 몇 시인가요?

8 동민이 아버지께서는 6월 5일 오후 2시에 출장을 가셔서 80시간 후에 집에 돌아오셨습니다. 동민이 아버지께서는 몇 월 며칠 몇 시에 돌아오셨나요?

9 어느 해 **5**월 달력의 일부분입니다. 같은 해 **6**월의 월요일인 날의 날짜의 합을 구해 보세요.

일	월	화	수	목	금	토
			1	2	3	4

10 영수는 **7**월 **15**일 오전 **11**시에 외할머니 댁에 도착하였고, **7**월 **17**일 오후 **4**시에 외할머니 댁을 출발하여 집으로 돌아왔습니다. 영수가 외할머니 댁에 있었던 시간은 몇 시간인가요?

11 예슬이네 학교는 **40**분 동안 수업을 하고 **10**분 동안 쉽니다. **1**교시가 오전 **9**시에 시작한다면 **3**교시가 끝나는 시각은 오전 몇 시 몇 분인가요?

12 어제 오전 **8**시에 보낸 편지가 오늘 오후 **3**시에 도착했습니다. 편지는 몇 시간만에 도착했나요?

13 8시 10분에 출발하는 버스를 타기 위해 집에서 나와 정류장까지 15분 동안 걸었더니 버스 출발 5분 전에 도착하였습니다. 집에서 나온 시각은 몇 시 몇 분인가요?

14 어느 달의 둘째 목요일과 셋째 목요일의 날짜의 합은 23입니다. 이달의 넷째 목요일은 며칠인가요?

15 다음을 읽고 규형이는 태어난 지 몇 년 몇 개월이 되었는지 알아보세요.

> • 규형이의 동생 예진이는 태어난 지 **23**개월이 되었습니다.
> • 규형이는 예진이가 태어나기 **3**년 **7**개월 전에 태어났습니다.

16 가영이가 어느 날 수영을 시작한 시각은 오후 **2**시 **15**분 전이고, 마친 시각은 다음과 같습니다. 가영이가 수영을 하는 데 걸린 시간은 몇 분인가요?

17 상연이네 학교는 **7**월 **27**일부터 여름 방학을 시작하고, **9**월 **1**일에 개학을 합니다. 여름 방학은 모두 며칠인가요?

18 어느 해의 **5**월 **5**일 어린이날은 목요일이었습니다. 같은 해의 **7**월 **17**일 제헌절은 무슨 요일인가요?

19 한초의 생일은 **6**월 **8**일이고, 가영이의 생일은 한초의 생일보다 **3**주 **4**일이 늦습니다. 가영이의 생일은 몇 월 며칠인가요?

20 어느 해 **10**월 **30**일은 목요일입니다. 그다음 달 셋째 토요일은 며칠인가요?

21 하루에 16분씩 늦어지는 시계를 오늘 오전 9시에 정확히 맞춰 놓았습니다. 내일 오후 9시가 되었을 때, 이 시계는 오후 몇 시 몇 분을 가리키나요?

22 기차역에서 기차가 25분마다 출발합니다. 네 번째 기차가 오전 6시 35분에 출발한다면, 첫 번째 기차가 출발하는 시각은 오전 몇 시 몇 분인가요?

23 오늘은 10월 20일입니다. 오늘부터 2주일과 6일 후는 몇 월 며칠인가요?

24 신영이가 달력을 보았더니 2월 1일과 3월 1일은 똑같이 일요일이었습니다. 같은 해의 2월의 날수는 며칠인가요?

1 한솔이는 어느 날 오후 **3**시 **30**분에 책을 읽기 시작하였습니다. 한솔이가 책을 모두 읽은 후 거울에 비친 시계를 보니 다음 그림과 같았습니다. 한솔이가 책을 읽는 데 걸린 시간은 몇 분인가요?

2 일정한 규칙에 따라 시계를 늘어놓았습니다. 마지막에 있는 시계가 가리키는 시각은 몇 시 몇 분인가요?

3 **보기**와 같이 숫자가 없는 시계에서 거울에 비친 **5**시의 모양은 **7**시와 같습니다. **5**시와 **7**시의 경우와 같이 원래 시계가 가리키는 시각과 거울에 비친 시계가 가리키는 시각이 **2**시간 차이가 나는 시각을 찾아보세요.

4 서울에서 어느 지역까지 가는 첫 고속버스는 오전 **6**시에 출발하고, **40**분 간격으로 운행됩니다. 오전 **10**시 **30**분 이전에는 모두 몇 대가 출발하게 되나요?

5 석기의 시계는 하루에 **10**분씩 늦어집니다. 석기가 **6**월 **12**일 오후 **9**시에 시계를 정확히 맞춰 놓았다면, **6**월 **17**일 오전 **9**시에 석기의 시계가 가리키는 시각은 오전 몇 시 몇 분인가요?

6 시계를 어떤 규칙에 따라 늘어놓은 것입니다. 마지막에 있는 시계에 알맞은 시각을 나타내 보세요.

7 상연이네 시계는 하루에 10분씩 빨라지고, 지혜네 시계는 하루에 12분씩 느려집니다. 10월 18일 낮 12시에 두 시계의 시각을 똑같이 맞췄다면, 10월 21일 낮 12시에 두 시계가 가리키고 있는 시각의 차이는 몇 분인가요?

8 어떤 시계 공장에서 실수로 시침과 분침의 모양이 똑같은 시계를 만들었습니다. 이 시계의 왼쪽에서 거울에 비친 모양이 오른쪽 그림과 같을 때, 이 시계가 가리키는 시각은 몇 시 몇 분인가요?

9 웅이는 어느 날 40분짜리 DVD를 4편 봤는데 1편을 본 후 15분씩 쉬었습니다. DVD를 8시 50분부터 보기 시작했다면 DVD를 모두 보았을 때의 시각은 몇 시 몇 분인가요?

10 길이가 320 cm인 통나무를 40 cm씩 8도막으로 잘랐습니다. 한 번 자르는 데 15분이 걸렸고, 다 자를 때까지 5분씩 3번 쉬었습니다. 이 통나무를 자르기 시작한 시각이 9시 30분이라면 8도막으로 모두 잘랐을 때의 시각은 몇 시 몇 분 인가요?

11 지금 시계가 나타내는 시각은 오전 8시 12분입니다. 이 시각에서 긴 바늘이 3바퀴 반 돌아간 후 짧은 바늘이 반 바퀴 더 돌아갔을 때 시계가 가리키는 시각 을 구해 보세요.

12 은지네 집의 안방 시계는 정확한 시각보다 2시간 30분이 빠르 고, 거실 시계는 정확한 시각보다 1시간 30분이 늦습니다. 안방 시계의 시각이 오른쪽 그림과 같을 때 거실 시계가 나타내고 있는 시각을 구해 보세요.

안방 시계

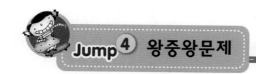
13 예나와 형석이는 10월 28일 아침 7시 30분에 같이 일어났습니다. 다음 날부터 예나는 하루에 5분씩 늦게 일어나고, 형석이는 하루에 10분씩 빨리 일어났습니다. 11월 5일 아침에 형석이는 예나보다 몇 분 더 빨리 일어났는지 구해 보세요.

14 오른쪽 디지털 시계는 8시 24분을 나타내고 있고 이때 숫자의 합은 $8+2+4=14$입니다. 이 시계가 나타내는 숫자의 합이 처음으로 23이 되는 시각부터 두 번째로 23이 되는 시각까지 걸린 시간을 구해 보세요. (단, 이 시계는 *0:00*부터 *23:59*까지 나타냅니다.)

15 오른쪽 그림과 같은 특수 시계가 있습니다. 짧은바늘이 한 눈금 움직일 때 긴바늘은 한 바퀴 돌고, 긴바늘이 한 바퀴 도는데 걸리는 시간은 48분입니다.
유승이는 [그림 1]인 시각에 산에 오르기 시작하여 처음으로 [그림 2]가 되는 시각에 산을 내려왔습니다. 유승이가 등산하는 데 걸린 시간은 몇 분인지 구해 보세요.

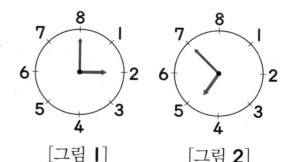

[그림 1]   [그림 2]

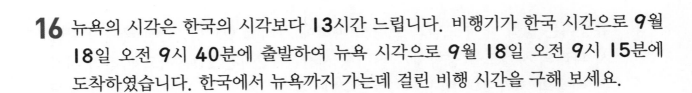
4 단원

16 뉴욕의 시각은 한국의 시각보다 **13**시간 느립니다. 비행기가 한국 시간으로 **9**월 **18**일 오전 **9**시 **40**분에 출발하여 뉴욕 시각으로 **9**월 **18**일 오전 **9**시 **15**분에 도착하였습니다. 한국에서 뉴욕까지 가는데 걸린 비행 시간을 구해 보세요.

17 유승이네 집에는 눈금만 있고 숫자가 없는 시계가 벽에 걸려 있습니다. 이 시계의 실제 시각이 **5**시일 때 실제 시각과 거울에 비친 시계의 모양이 오른쪽 그림과 같습니다. 유승이는 일요일 오후에 **1**시간 **30**분 동안 독

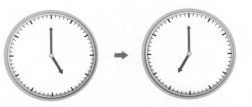

〈실제 시각〉   〈거울에 비친 시각〉

서를 한 후 거울에 비친 시계를 보았더니 독서를 하기 시작한 시각의 실제 시계와 모양이 똑같았습니다. 유승이가 독서를 한 후 **45**분 동안 운동을 했다면, 운동을 하고 난 후의 시각을 구해 보세요.

18 어느 해 **9**월 달력의 일부분입니다. **9**월 셋째 수요일이 수빈이의 생일이고 유승이의 생일은 **1**월 **16**일입니다. 유승이의 생일은 수빈이의 생일보다 며칠 뒤인지 구해 보세요.

일	월	화	수	목	금	토
			1	2	3	4

1 유승이는 방학 때 부모님과 프랑스 파리에 가려고 합니다. 인천 국제 공항에서 파리의 샤를드골 공항까지의 비행 시간은 12시간 20분이고 파리의 시각은 서울의 시각보다 8시간이 늦습니다. 유승이가 인천 국제 공항에서 오전 9시 35분에 출발한다고 할 때 파리의 샤를드골 공항에 도착하는 시각은 프랑스 파리 시각으로 몇 시 몇 분인지 구해 보세요.

2 영수는 어느 날 오후 12시 30분에 수학 공부를 시작하였습니다. 그날 수학 공부를 마치고 거울에 비친 시계를 보니 다음 그림과 같았습니다. 영수가 수학 공부를 한 시간은 몇 시간 몇 분인가요?

단원 5 표와 그래프

1 표로 나타내기

2 그래프로 나타내기

3 표와 그래프의 내용 알고 나타내기

💬 이야기 수학

🏠 금메달은 우리의 것!

4년에 한 번씩 열리는 올림픽 경기는 나라의 축제와도 같습니다.

국민들은 우리나라 선수가 메달을 딸 때마다 기쁨의 환호를 합니다.

자랑스런 태극기가 올라가고 애국가가 울려 퍼질 때면 가슴이 뭉클하기도 합니다.

각 나라가 메달을 딴 현황을 집계하여 표로 나타낸 것을 TV에서 자주 보게 되는데, 어떤 나라가 어떤 메달을 몇 개나 땄는지를 한눈에 알아볼 수 있어서 표의 편리함을 느낄 수 있습니다.

이와 같이 표는 우리 일상 생활 속에 널리 활용되고 있다는 점을 알 수 있습니다.

좋아하는 음식

이름	음식	이름	음식	이름	음식	이름	음식	이름	음식
가영	김밥	지혜	떡볶이	한솔	떡볶이	규형	햄버거	효근	피자
상연	피자	석기	떡볶이	예슬	김밥	웅이	떡볶이	한초	김밥
동민	김밥	영수	피자	용희	햄버거	신영	떡볶이	한별	피자

좋아하는 음식별 학생 수

음식	김밥	떡볶이	햄버거	피자	합계
학생 수(명)	4	5	2	4	15

🌐 **표로 나타내면 좋은점**

• 음식별로 좋아하는 학생 수를 한눈에 알아보기 쉽습니다.

• 전체 학생 수를 쉽게 알 수 있습니다.

Jump 도우미

🌱 **가영이네 반 학생들이 좋아하는 과일을 조사한 것입니다. 물음에 답해 보세요. [1~3]**

좋아하는 과일

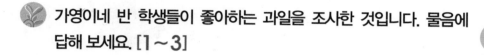

가영	혜숙	희영	재련	선임	지현
승주	서진	명숙	미란	수아	성숙
윤경	기원	영아	은영	윤석	현진

주의

과일별로 정리할 때 자료의 수를 ⁄⁄⁄⁄ 또는 正와 같이 다양한 방법으로 표시해 가며 빠뜨리거나 겹쳐서 세지 않도록 합니다.

1 조사한 것을 보고 표로 나타내 보세요.

좋아하는 과일별 학생 수

과일	사과	딸기	바나나	귤	배	합계
학생 수(명)						

★ 과일별로 ⁄표나 ∨표를 하면서 하나씩 세어 봅니다.

2 사과를 좋아하는 학생은 모두 몇 명인가요?

3 가장 많은 학생들이 좋아하는 과일은 무엇인가요?

표를 보고 다음과 같은 것들을 알 수 있습니다.

• 합계

• 가장 많은 것과 가장 적은 것

핵심 응용 | 다음 학용품을 보고 ㉠, ㉡, ㉢에 알맞은 말 또는 수를 써넣으세요.

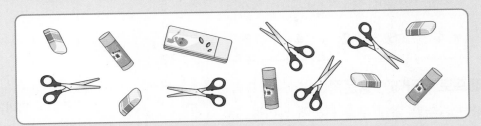

학용품 종류별 개수

학용품	가위	풀	㉠	필통	합계
개수(개)		㉡		1	㉢

생각 열기 | 학용품이 종류별로 각각 몇 개씩인지 세어 봅니다.

풀이 | 학용품의 종류는 가위, 풀, ☐, 필통이므로 ㉠에 알맞은 말은 ☐

이고 학용품을 종류별로 세어 보면 가위는 ☐개, 풀은 ☐개, 지우개는

☐개, 필통은 1개이므로 ㉡에 알맞은 수는 ☐입니다.

학용품은 모두 ☐+☐+☐+1=☐(개)이므로 ㉢에 알맞은 수는

☐입니다.   답 _____

확인 1 | 어느 해 6월의 날씨를 조사하여 만든 표입니다. 물음에 답해 보세요.

6월의 날씨별 날수

날씨	맑음	흐림	비	합계
날수(일)		7	6	

(1) 맑은 날은 며칠인가요?

(2) 맑은 날과 비 온 날 중에서 어느 날이 며칠 더 많은가요?

좋아하는 음식별 학생 수

음식	김밥	떡볶이	햄버거	피자	합계
학생 수(명)	4	5	2	4	15

좋아하는 음식별 학생 수

학생 수(명) / 음식	김밥	떡볶이	햄버거	피자
5		○		
4	○	○		○
3	○	○		○
2	○	○	○	○
1	○	○	○	○

🪐 그래프로 나타내면 좋은점

· 좋아하는 음식별 학생 수를 한눈에 알아볼 수 있습니다.
· 가장 많은 학생들이 좋아하는 음식을 한눈에 알 수 있습니다.

Jump 도우미

🌱 용희네 반 학생들이 좋아하는 색을 조사한 것입니다. 물음에 답해 보세요. [1~2]

좋아하는 색

노랑	빨강	빨강	보라	노랑	초록	초록	파랑
빨강	보라	노랑	노랑	파랑	파랑	빨강	초록
초록	노랑	초록	노랑	파랑	초록	노랑	빨강

1 조사한 것을 보고 표로 나타내 보세요.

좋아하는 색별 학생 수

색	노랑	빨강	보라	초록	파랑	합계
학생 수(명)						

2 표를 보고 색별로 좋아하는 학생 수만큼 ○를 이용하여 그래프로 나타내 보세요.

좋아하는 색별 학생 수

학생 수(명) / 색	노랑	빨강	보라	초록	파랑
7					
6					
5					
4					
3					
2					
1					

그래프로 나타내면 좋아하는 사람이 많은 색과 적은 색을 쉽게 알 수 있습니다.

핵심 응용

한초네 반 학생 25명이 좋아하는 계절을 조사하여 나타낸 표입니다. 표를 보고 계절별로 좋아하는 학생 수만큼 ○를 이용하여 그래프로 나타내 보세요.

좋아하는 계절별 학생 수

계절	봄	여름	가을	겨울	합계
학생 수(명)	5	9		8	25

좋아하는 계절별 학생 수

학생 수 (명) 계절	1	2	3	4	5	6	7	8	9
봄									
여름									
가을									
겨울									

생각열기 계절별로 좋아하는 학생 수만큼 ○를 왼쪽에서부터 오른쪽으로 한 칸에 한 개씩 그립니다.

풀이 한초네 반 학생이 25명이므로 가을을 좋아하는 학생은 ☐명입니다.

따라서 그래프에서 봄, 여름, 가을, 겨울을 나타내는 부분에 ○를 각각 ☐개, ☐개, ☐개, ☐개 그립니다.

확인 1

석기네 반 학생 24명이 좋아하는 주스를 조사하여 나타낸 표입니다. 표를 보고 주스별로 좋아하는 학생 수만큼 ○를 이용하여 그래프로 나타내 보세요.

좋아하는 주스별 학생 수

주스	사과	포도	오렌지	키위	토마토	합계
학생 수(명)	5		10	2	1	

좋아하는 주스별 학생 수

학생 수 (명) 주스	1	2	3	4	5	6	7	8	9	10
사과										
포도										
오렌지										
키위										
토마토										

좋아하는 과일별 학생 수

과일	사과	귤	포도	바나나	합계
학생 수 (명)	3	5	2	4	14

좋아하는 과일별 학생 수

5		○		
4		○		○
3	○	○		○
2	○	○	○	○
1	○	○	○	○
학생 수 (명) \ 과일	사과	귤	포도	바나나

• 조사한 학생 수 : 14명
• 가장 많은 학생들이 좋아하는 과일 : 귤
• 표 : 조사한 자료의 종류별 개수와 전체의 개수를 쉽게 알 수 있습니다.
• 그래프 : 가장 많은 것과 가장 적은 것을 한눈에 알 수 있습니다.

웅이네 반 학생들이 좋아하는 채소를 조사하여 나타낸 표와 그래프입니다. 물음에 답해 보세요. [1~2]

좋아하는 채소별 학생 수

채소	콩나물	고추	오이	호박	합계
학생 수(명)	4	1	7	3	15

좋아하는 채소별 학생 수

7			○	
6			○	
5			○	
4	○		○	
3	○		○	○
2	○		○	○
1	○	○	○	○
학생 수 (명) \ 채소	콩나물	고추	오이	호박

> 그래프를 그릴 때 ○만으로 나타내는 것은 아닙니다. 막대나 사람 모양 등 다양하게 나타낼 수 있습니다. 신문이나 텔레비전에서 나오는 그래프를 관찰해 보면 여러 종류의 그래프를 볼 수 있습니다.

① 표와 그래프 중에서 조사한 전체 학생 수를 알아보기 쉬운 것은 어느 것인가요?

② 표와 그래프 중에서 가장 많은 학생들이 좋아하는 채소와 가장 적은 학생들이 좋아하는 채소가 무엇인지 한눈에 알아볼 수 있는 것은 어느 것인가요?

> ❶~❷
> 표와 그래프의 편리한 점이 무엇인지 생각해 봅니다.

핵심 응용 다음은 가영이네 반 학생들이 좋아하는 민속놀이를 조사하여 나타낸 표입니다. 가장 많은 학생들이 좋아하는 민속놀이와 가장 적은 학생들이 좋아하는 민속놀이는 각각 무엇인가요?

좋아하는 민속놀이별 학생 수

민속놀이	딱지치기	비석치기	굴렁쇠	투호놀이	팽이치기	합계
학생 수(명)	5	6		4	3	26

생각열기 굴렁쇠를 좋아하는 학생 수를 알아봅니다.

풀이 (굴렁쇠를 좋아하는 학생 수)=□－5－6－4－□=□(명)

가장 많은 학생들이 좋아하는 민속놀이는 □명이 좋아하는 □이고

가장 적은 학생들이 좋아하는 민속놀이는 □명이 좋아하는 □

입니다.

답 _____

 확인 **1** 동민이네 반 학생들의 성씨를 조사하여 나타낸 표와 그래프입니다. 표와 그래프를 완성해 보세요.

성씨별 학생 수

성씨	김	이	박	조	최	정	합계
학생 수(명)	3		4			5	25

성씨별 학생 수

학생 수(명) \ 성씨	김	이		조	최	정
7		○				
6		○				
5		○				
4		○	○		○	
3		○	○		○	
2		○	○		○	
1		○	○		○	

5 단원

석기네 학교 학생들이 수학경시대회에서 각 학년별로 받은 상의 수를 조사하여 나타낸 표입니다. 물음에 답해 보세요. [1~3]

학년별로 받은 상의 수

학년	금상	은상	동상	학년	금상	은상	동상
1	7	3	1	4	11	13	6
2	6	4	5	5	10	7	12
3	9	10	3	6	4	8	14

1 금상, 은상, 동상을 합하여 가장 많은 상을 받은 학년은 몇 학년인가요?

2 금상을 가장 많이 받은 학년과 가장 적게 받은 학년의 금상 수의 차는 몇 개인가요?

3 석기네 학교에서 동상을 받은 학생은 모두 몇 명인가요?

오른쪽은 어느 해 **2월**의 날씨를 조사하여 나타낸 것입니다. 물음에 답해 보세요. [4~5]

4 2월의 **10**일부터 **20**일까지에는 비 온 날이 눈 온 날보다 며칠 더 많은가요?

2월의 날씨

일	월	화	수	목	금	토
1	2	3	4	5	6	7
8	9	10	11	12	13	14
15	16	17	18	19	20	21
22	23	24	25	26	27	28

☀ : 맑음   ☁ : 흐림   ☂ : 비   ⛄ : 눈

5 조사한 것을 보고 다음 표를 만들었습니다. **26**일의 날씨는 어떠했나요?

2월의 날씨

날씨	맑음	흐림	비	눈
날수(일)	10	6	7	5

규형이네 반 학생 **25**명이 사는 마을을 조사하여 나타낸 그래프입니다. 물음에 답해 보세요.

[6~7]

마을별 학생 수

학생 수 (명) \ 마을	햇빛	금빛	달빛	별빛	은빛
7	○				
6	○				○
5	○				○
4	○		○		○
3	○		○	○	○
2	○		○	○	○
1	○		○	○	○

6 가장 많은 학생들이 사는 마을부터 차례대로 써 보세요.

7 금빛 마을에 사는 학생과 별빛 마을에 사는 학생은 모두 몇 명인가요?

오른쪽은 지혜네 반 학생들이 주말에 텔레비전을 시청한 시간을 조사하여 나타낸 표입니다. 물음에 답해 보세요. [8~9]

텔레비전을 시청한 시간

시청한 시간	안 봄	1시간	2시간	3시간	합계
학생 수(명)		10	7	4	25

8 텔레비전을 시청하지 않은 학생은 몇 명인가요?

9 지혜네 반 학생들이 텔레비전을 시청한 시간은 모두 몇 시간인가요?

10 다음은 고리 던지기를 하여 걸린 고리의 수를 조사하여 나타낸 그래프입니다. 고리를 **1**개씩 걸 때마다 **7**점을 얻는다면 가영이와 한초의 점수 차이는 얼마인지 구해 보세요.

걸린 고리의 수

이름 \ 고리의 수 (개)	1	2	3	4	5	6	7	8	9
가영	○	○	○	○	○	○			
한초	○	○	○	○	○	○	○	○	○

11 웅이와 석기는 과녁 맞히기 놀이를 했습니다. 화살을 10개씩 던진 결과가 오른쪽 표와 같을 때 누가 몇 점 더 많이 얻었나요?

과녁 맞히기 결과

점수 이름	0점	1점	3점	5점
웅이	2	3	1	4
석기	1	3	5	1

🌱 학생들이 수학 문제를 풀고 난 후 맞은 문제에는 ○, 틀린 문제에는 ×를 하여 나타낸 것입니다. 물음에 답해 보세요. [12~14]

학생들이 수학 문제를 푼 결과

번호 이름	1	2	3	4	5	6	7	8	9	10
석기	○	○	○	×	○	×	○	×	○	×
신영	○	×	○	○	○	○	×	○	○	○
효근	○	○	×	○	×	○	×	×	×	×
예슬	×	○	○	○	○	×	○	○	○	×

12 학생들이 가장 많이 틀린 문제는 몇 번 문제인가요?

13 한 문제를 맞히면 10점을 받는다고 할 때 다음 표를 완성해 보세요.

학생별 수학 점수

이름	석기	신영	효근	예슬
점수(점)			40	

14 한 문제를 맞히면 10점을 받고 틀리면 2점을 뺀다고 할 때 예슬이의 점수는 몇 점인가요?

15 학생들이 가지고 있는 책의 수를 조사하여 나타낸 표입니다. 용희는 웅이보다 **5**권을 더 많이 가지고 있다면 학생들이 가지고 있는 책은 모두 몇 권인가요?

학생들이 가지고 있는 책의 수

이름	한솔	상연	용희	웅이	규형	합계
책의 수(권)	13	29		19	22	

한초네 학교에서 월요일부터 금요일까지 지각한 학생 수를 조사하여 나타낸 표입니다. 물음에 답해 보세요. [16~17]

요일별 지각한 학생 수

성별 \ 요일	월	화	수	목	금	합계
남학생(명)	6			4	6	
여학생(명)	5	7				30
합계		15	5	12	13	56

16 수요일에 지각한 남학생은 몇 명인가요?

17 남학생과 여학생 중 누가 몇 명 더 많이 지각했나요?

18 지혜네 학교 **2**학년 **1**반과 **2**반 학생들이 좋아하는 우유의 종류를 조사하여 나타낸 표입니다. ㉮, ㉯, ㉰에 알맞은 수를 각각 구해 보세요.

좋아하는 우유별 학생 수

반 \ 우유	딸기	바나나	초코	합계
1반	6	8		㉮
2반	7		11	25
합계		㉯	21	㉰

오른쪽은 학생들이 좋아하는 과일을 조사하여 나타낸 표입니다. 물음에 답해 보세요. [19~20]

좋아하는 과일별 학생 수

과일	딸기	배	망고	귤	합계
학생 수(명)	13	11			38

19 귤을 좋아하는 학생은 망고를 좋아하는 학생보다 **2**명 더 많습니다. 망고와 귤을 좋아하는 학생 수는 각각 몇 명인가요?

20 좋아하는 과일 수만큼 ○를 이용하여 그래프로 나타내 보세요.

좋아하는 과일별 학생 수

학생 수 (명) / 과일	1	2	3	4	5	6	7	8	9	10	11	12	13
딸기													
배													
망고													
귤													

21 시험에서 맞은 문제에는 ○, 틀린 문제에는 ×를 하여 나타낸 것입니다. 한 문제를 맞히면 **6**점을 받는다고 할 때 웅이와 석기가 받은 점수의 차는 몇 점인가요?

학생별 시험 결과

이름 / 번호	1	2	3	4	5	6	7	8	9	10
웅이	○	×	×	○	○	○	×	○	×	×
석기	○	○	○	○	×	○	○	×	○	×

22 21번에서 한 문제를 맞히면 **8**점을 받고, 한 문제를 틀리면 **3**점을 뺀다고 할 때, 웅이와 석기가 받은 점수의 차는 몇 점인가요?

23 일 년 동안 읽은 책의 수를 조사한 표입니다. 한초가 지혜보다 **2**권 더 많이 읽었을 때, 책을 가장 많이 읽은 사람과 가장 적게 읽은 사람의 책 수의 차는 몇 권인가요?

일년 동안 읽은 책의 수

이름	한초	효근	지혜	가영	합계
책 수(권)		27		15	62

오른쪽은 동계올림픽경기에서 각 나라별로 딴 메달 수를 조사하여 나타낸 표입니다. 물음에 답해 보세요. [24~26]

나라별 딴 메달 수

나라 \ 메달	금	은	동	합계
일본	6		9	29
미국	10	8	7	25
대한민국		10	14	35
독일	15	10		36

24 동메달을 가장 많이 딴 나라는 어느 나라인가요?

25 각 나라별 딴 금메달 수만큼 ○를 이용하여 그래프로 나타내 보세요.

나라별 딴 금메달 수

나라 \ 메달 수 (개)	1	2	3	4	5	6	7	8	9	10	11	12	13	14	15
일본															
미국															
대한민국															
독일															

26 전체 순위는 금메달 수가 많은 나라가 높습니다. 은메달을 가장 많이 딴 나라의 전체 순위는 몇 위인가요?

오른쪽은 한별이가 1월부터 6월까지 운동한 날수를 조사하여 나타낸 그래프입니다. 5월은 2월보다 운동을 3일 더 하였고 1월부터 6월까지 운동한 날은 모두 36일입니다. 물음에 답해 보세요. [1~2]

월별 운동한 날 수

날수(일) \ 월	1	2	3	4	5	6
8			○			
7			○			
6	○		○			○
5	○		○	○		○
4	○		○	○		○
3	○		○	○		○
2	○		○	○		○
1	○		○	○		○

1 2월과 5월에 운동한 날수만큼 ○를 이용하여 그래프로 나타내 보세요.

2 운동한 날이 가장 많은 달과 가장 적은 달의 운동한 날의 차는 며칠인가요?

동민, 규형, 효근이가 고리 던지기 놀이를 하여 고리가 걸리면 ○, 걸리지 않으면 ×를 하여 나타낸 것입니다. 물음에 답해 보세요. [3~4]

학생별 고리 던지기 결과

횟수 (회) \ 이름	1	2	3	4	5	6
동민	○	×	×	○		×
규형	○	○	×	×		○
효근	×	○	○	×		○

학생별 고리 던지기 결과

횟수(번) \ 이름	동민	규형	효근	합계
걸린 횟수	2			9
걸리지 않은 횟수		㉠	3	9
합계				

3 ㉠에 알맞은 수를 구해 보세요.

4 표를 완성해 보세요.

5 오른쪽은 웅이네 마을 학생 **32**명 이 여행하고 싶어 하는 나라를 조사하여 나타낸 표입니다. 일본을 여행하고 싶어 하는 학생 중에서 남학생은 여학생보다 몇 명 더 많은가요?

여행하고 싶어 하는 나라별 학생 수

나라	미국	중국	일본	합계
남학생 수(명)	3	5		
여학생 수(명)	6	8		17

6 36명의 학생을 대상으로 좋아하는 색깔을 조사하여 나타낸 표입니다. 노란색을 좋아하는 학생이 보라색을 좋아하는 학생보다 **5**명 더 많을 때 노란색을 좋아하는 학생은 몇 명인가요?

좋아하는 색깔별 학생 수

색깔	빨간색	초록색	노란색	파란색	보라색
학생 수(명)	3	10		6	

7 오른쪽 표는 어느 초등학교의 학년별 학생 수를 나타낸 것입니다. ㉮에 알맞은 수를 구해 보세요.

학년별 학생 수

학년	1	2	3	4	5	6	합계
남(명)	60	50		50	60	50	
여(명)	50	70	60	㉮			
합계(명)			120	110		110	720

오른쪽은 지혜네 마을 학생 30명을 대상으로 좋아하는 운동을 조사하여 나타낸 그래프입니다. 물음에 답해 보세요. [8~9]

좋아하는 운동별 학생 수

학생 수 (명) 운동	1	2	3	4	5	6	7	8
야구								
축구	○	○	○	○	○	○	○	○
농구	○	○	○	○	○			
배구								
수영								

8 야구를 좋아하는 학생은 배구를 좋아하는 학생보다 **3**명 더 많고, 수영을 좋아하는 학생보다 **2**명 더 적습니다. 야구, 배구, 수영을 좋아하는 학생 수를 각각 구해 보세요.

9 그래프를 완성해 보세요.

오른쪽 그래프는 웅이와 석기가 각각 영수와 **1**5번씩 가위바위보를 한 결과를 나타낸 것입니다. 물음에 답해 보세요. [10~11]

10 ○를 이용하여 그래프를 완성해 보세요.

가위바위보를 한 결과

횟수 (번) 이름	웅이 이긴 횟수	웅이 진 횟수	웅이 비긴 횟수	석기 이긴 횟수	석기 진 횟수	석기 비긴 횟수
8						○
7	○					○
6	○					○
5	○	○			○	○
4	○	○			○	○
3	○	○			○	○
2	○	○			○	○
1	○	○			○	○

11 가위바위보를 하여 이겼을 때는 **2**점, 비겼을 때는 **1**점, 졌을 때는 **0**점을 받는다고 합니다. 웅이와 석기가 받은 점수는 각각 몇 점인가요?

12 상현이와 친구들이 가지고 있는 구슬 수를 조사한 표입니다. 구슬을 가장 많이 가지고 있는 사람은 다솔이고, 그 다음은 상현, 한솔, 효진, 은혜 순으로 많이 가지고 있습니다. 한솔이는 적어도 몇 개의 구슬을 가지고 있나요?

가지고 있는 구슬 수

이름	상현	한솔	은혜	효진	다솔
구슬 수(개)	18□	□	167	1□3	183

13 효심이네 학교의 학생 수를 조사하여 기록한 표입니다. ㉠, ㉡, ㉢에 알맞은 수 중 가장 큰 수와 가장 작은 수의 차를 구해 보세요.

효심이네 학교의 학생 수

반 / 학년	1반	2반	3반	4반	5반	6반	계
1학년	21	23	22	20	㉠	25	134
2학년	24	22	20	㉡	21	24	131
3학년	22	21	㉢	23	22	24	137

14 유승이네 학교 2학년 학생들이 좋아하는 음식을 조사한 표입니다. ㉮에 알맞은 수는 얼마인가요?

좋아하는 음식별 학생 수

학생 / 음식	자장면	햄버거	순대	떡볶이	계
남자	8		6	9	
여자	6	7	3		28
계		18	9		㉮

15 주사위를 27번 던져서 나온 주사위의 눈별 횟수를 정리한 표입니다. 주사위 눈이 5가 나온 횟수가 3이 나온 횟수보다 1번 더 많을 때, 주사위를 던져서 나온 눈의 수를 모두 더하면 얼마인가요?

주사위의 눈별 나온 횟수

나온 주사위의 눈	1	2	3	4	5	6
나온 횟수(번)	3	5		7		5

16 오른쪽 과녁에 예나가 화살을 12번 쏘아 맞힌 결과를 조사한 표입니다. 예나가 얻은 점수가 65점일 때 6점을 맞힌 횟수는 몇 번인지 구해 보세요. (단, 화살이 과녁을 빗나가거나 경계선을 맞힌 경우는 없습니다.)

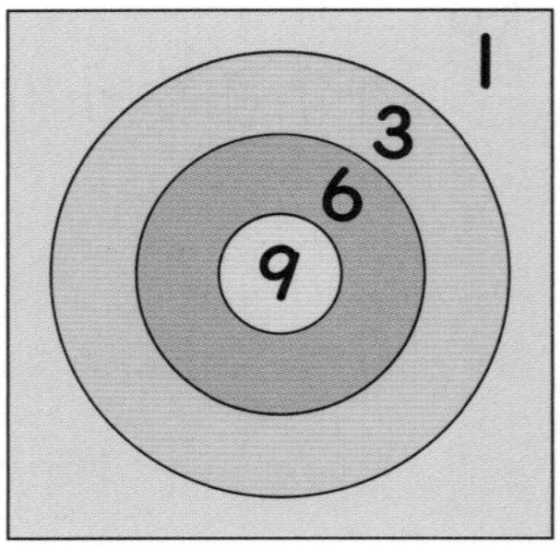

점수별 맞힌 횟수

과녁판	1점	3점	6점	9점
맞힌 횟수(번)		2		3

17 유승이네 집에 있는 단추를 색깔별로 분류해 본 후 다시 구멍 수에 따라 분류하였습니다. 구멍이 2개인 단추가 구멍이 3개인 단추보다 4개 더 많을 때 구멍이 2개인 단추는 모두 몇 개인가요?

색깔별 단추 수

색깔	검은색	흰색	빨간색
단추 수	35	19	23

구멍 수별 단추 수

구멍 수	2개	3개	4개
단추 수			29

18 형석이네 마을에서 오리나 돼지를 기르는 가구 수를 조사하여 나타낸 표입니다. 이 마을에 있는 오리와 돼지의 다리 수는 모두 몇 개인지 구해 보세요.

오리나 돼지를 기르는 가구 수

돼지의 수 / 오리의 수	0(마리)	1(마리)	2(마리)	3(마리)
0(마리)	1	3	4	2
1(마리)	2	1	3	3
2(마리)	1	3	4	2
3(마리)	4	2	3	1

19 네 사람이 게임을 할 때 1등은 5점, 2등은 3점, 3등은 1점, 4등은 0점을 얻기로 하였습니다. 오른쪽 표는 이러한 게임을 8번 하여 얻은 점수를 기록한 것입니다. 남은 두 번의 게임을 끝내고 네 사람이 얻은 10번의 점수의 합을 구해보니 다음과 같았습니다. 이때, 수빈이가 얻은 10번의 점수의 합을 구해 보세요.

학생별 얻은 점수

횟수 / 학생	유승	수빈	형석	예나
10				
9				
8	1	0	3	5
7	1	3	5	0
6	3	5	1	0
5	0	3	1	5
4	1	5	0	3
3	3	0	5	1
2	5	0	1	3
1	5	3	0	1
총점			24	

- 유승이가 가장 많은 점수를 얻었습니다.
- 수빈이는 예나보다 5점 더 많이 얻었습니다.
- 수빈이는 남은 두 번의 게임에서 4등을 하지 않았습니다.
- 형석이가 10번의 게임에서 얻은 점수는 24점 입니다.

Jump 5 영재교육원 입시대비문제

1 36명의 학생을 대상으로 존경하는 위인을 조사하여 나타낸 표와 그래프입니다. 물음에 답해 보세요.

위인	세종대왕	유관순	허준	이순신	합계
남학생 수(명)	7		3		
여학생 수(명)	4				18
합계(명)		7			36

존경하는 위인별 학생 수

학생 수 (명) 위인	남학생	여학생	남학생	여학생	남학생	여학생	남학생	여학생
	세종대왕						이순신	

(그래프: 유관순 남학생 칸에 2칸, 이순신 여학생 칸에 4칸 등 일부 ○ 표시)

(1) 위의 표와 그래프를 완성해 보세요.

(2) 세종대왕을 존경하는 학생은 허준을 존경하는 학생보다 몇 명 더 많은가요?

(3) 허준을 존경하는 여학생과 이순신을 존경하는 남학생은 모두 몇 명인가요?

단원 6 규칙 찾기

💬 이야기 수학

🏠 규칙이 만들어 낸 아름다운 무늬

길을 가다 보면 인도에 깔려 있는 보도블럭을 보게 됩니다.

보도블럭은 일정한 모양의 블럭이 여러 개 모여 무늬가 만들어진 것입니다.

또한 집안의 벽지, 화장실의 타일, 붉은 벽돌로 쌓은 담벼락도 일정한 규칙에 따라 무늬가 만들어진 것을 볼 수 있습니다.

규칙에 따라 만들어진 무늬는 아름다움을 느끼게되고 사람들은 이러한 아름다움을 추구하게 되면서 규칙을 이용하여 더욱 아름다운 무늬를 만들기도 합니다.

생활 주변을 잘 관찰해 보세요.

곳곳에서 규칙이 만들어 낸 아름다운 무늬를 접할 수 있을 것입니다.

무늬에서 규칙 찾기

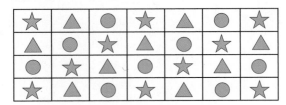

- 모두 연두색입니다.
- ☆△○ 모양이 반복됩니다.
- ＼ 방향으로 ☆○△ 모양이 반복됩니다.
- ／ 방향으로 똑같은 모양이 반복됩니다.

규칙이 있는 무늬 만들기

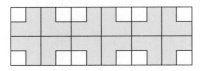

- ◰ 모양을 시계 방향 또는 시계 반대 방향으로 놓아 가며 규칙이 있는 무늬를 만듭니다.

Jump 도우미

1 규칙을 찾아 ○ 안에 알맞게 색칠해 보세요.

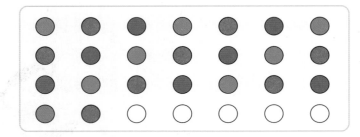

★ 초록색, 빨간색, 파란색이 반복되는 규칙입니다.

2 규칙을 찾아 □ 안에 알맞은 모양을 그리고 색칠해 보세요.

★ 모양과 색깔이 어떻게 반복되는지 알아봅니다.

3 규칙적으로 도형을 그린 것입니다. 규칙을 찾아 □ 안에 알맞은 도형을 그려 넣으세요.

★ 반복되는 모양을 찾아 봅니다.

핵심 응용

오른쪽 그림은 ◿ 모양을 규칙적으로 배열하여 무늬를 만든 것입니다.
오른쪽 그림과 같은 규칙으로 ◿ 모양을 가로로 12개, 세로로 8개 놓아 무늬를 만들 때, 원은 몇 개가 생기나요?

생각열기 어떤 규칙에 따라 무늬를 만든 것인지 생각해 봅니다.

풀이 ◿ 모양이 가로로 2개, 세로로 2개 있으면 원이 □개 만들어집니다.

◿ 모양이 가로로 12개 있으므로 2 × □ = 12에서 가로로 □(개)의 원을 만들 수 있고 ◿ 모양이 세로로 8개 있으므로 2 × □ = 8에서 세로로 □(개)의 원을 만들 수 있습니다.

따라서 ◿ 모양이 가로로 12개, 세로로 8개 있으면 원은

□ × □ = □ (개) 생깁니다.　　　답 _____

 1 다음은 두 가지 모양을 규칙적으로 배열하여 만든 무늬입니다. 이용한 모양 2가지를 그려 보세요.

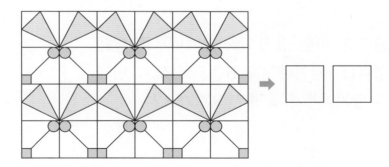

 2 무늬를 보고 규칙을 찾아 빈 곳에 알맞게 그려 보세요.

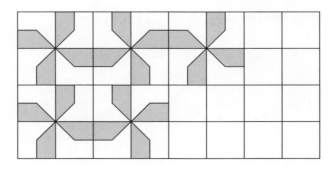

6
단원

💿 쌓기나무로 쌓은 규칙 찾기

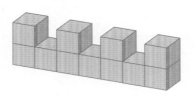

- 쌓기나무를 **2**개, **1**개로 반복하여 쌓았습니다.
- **1**층에 쌓기나무를 이어서 쌓고 **2**층에서는 한 칸씩 건너 뛰며 쌓았습니다.

💿 쌓은 규칙 찾아 개수 알기

   ......

1층   **2층**   **3층**

- **1**층일 때 **1**개, **2**층일 때 **1**＋**2**＝**3**(개), **3**층일 때 **1**＋**2**＋**3**＝**6**(개)이므로 **4**층으로 쌓기 위해서 필요한 쌓기나무는 **1**＋**2**＋**3**＋**4**＝**10**(개)입니다.

Jump 도우미

❶ 쌓기나무로 오른쪽과 같은 모양을 쌓았습니다. 쌓은 규칙을 써 보세요.

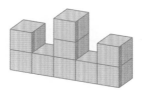

⭐ 층별로 쌓은 개수를 알아봅니다.

❷ 오른쪽은 어떤 규칙으로 쌓기나무를 쌓은 것입니다. 쌓기나무를 **5**층으로 쌓기 위해서는 쌓기나무가 몇 개 필요한가요?

❸ 어떤 규칙으로 쌓기나무를 쌓은 것입니다. 여섯 번째 모양에 쌓을 쌓기나무는 몇 개인가요?

⭐ 쌓기나무가 **1**개씩 늘어나고 있습니다.

 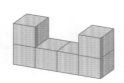 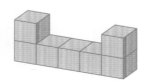 ......

핵심 응용 어떤 규칙으로 쌓기나무를 쌓은 것입니다. 열 번째 모양에 쌓을 쌓기나무는 몇 개인가요?

첫 번째   두 번째   세 번째

 쌓기나무의 개수가 몇 개씩 늘어나는지 생각합니다.

풀이 쌓기나무의 개수는 첫 번째에 **1**개, 두 번째에 **3**개, 세 번째에 **5**개, 네 번째에 ☐개, …… 이므로 ☐개씩 늘어납니다.

열 번째는 첫 번째에서 ☐씩 **9**번 뛰어 세기한 것이므로 첫 번째보다

☐×**9**=☐(개) 더 늘어난 것입니다. 따라서 열 번째 모양에 쌓을 쌓기 나무의 수는 **1**+☐=☐(개)입니다.

답 ＿＿＿＿＿＿＿

 확인 1 어떤 규칙으로 쌓기나무를 쌓은 것입니다. 다섯 번째 모양에 사용하는 쌓기나무는 몇 개인가요?

첫 번째   두 번째   세 번째

 확인 2 규칙에 따라 쌓기나무를 쌓았습니다. ㉠부분부터 차례로 쌓았을 때, ⊚부분까지 쌓은 쌓기나무는 모두 몇 개인가요?

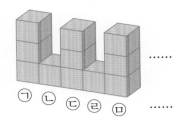

㉠ ㉡ ㉢ ㉣ ㉤   ……

덧셈표에서 규칙 찾기

+	2	4	6	8	10
2	4	6	8	10	12
4	6	8	10	12	14
6	8	10	12	14	16
8	10	12	14	16	18
10	12	14	16	18	20

- 오른쪽으로 갈수록 **2**씩 커지는 규칙이 있습니다.
- 왼쪽으로 갈수록 **2**씩 작아지는 규칙이 있습니다.
- 아래쪽으로 갈수록 **2**씩 커지고, 위쪽으로 갈수록 **2**씩 작아지는 규칙이 있습니다.
- 세로(↓방향)로 한 줄에 있는 수들은 가로(→방향)에도 한 줄에 있습니다.

- ╱방향으로 같은 수들이 있습니다.
- ╲방향으로는 **4**씩 커지는 규칙이 있습니다.
- ╲방향에 있는 **4**에서 **20**까지 빨간선을 그어 접으면 서로 같은 수끼리 만납니다.

덧셈표를 보고 물음에 답해 보세요. [1~3]

+	1	3	5	7	9
2	3	5	7	9	11
4	5				
6	7				
8	9				
10	11				

1 덧셈표를 완성해 보세요.

2 덧셈표를 완성했을 때, 합이 **13**보다 큰 곳은 모두 몇 군데인가요?

3 완성한 덧셈표에서 규칙을 찾아 써 보세요.

> 규칙 _____
>
> _____
>
> _____

Jump 도우미

색칠한 부분의 가로에 있는 수와 세로에 있는 수끼리 더하여 빈칸을 채웁니다.

찾을 수 있는 규칙은 여러 가지가 있습니다.

핵심 응용 덧셈표에서 기호에 알맞은 수를 구해 보세요.

+	5	10	15	20	25
5	10	15	20	25	30
10	15	20	25	30	35
15	20	25	30	35	㉠
20	25	30	35	㉡	㉢
25	30	35	㉣	㉤	㉥

생각
열기 먼저 표의 규칙을 찾아봅니다.

풀이 ㉠에 알맞은 수는 15+ ☐ = ☐ , ㉡에 알맞은 수는 ☐ + ☐ = ☐ ,

㉢에 알맞은 수는 ☐ +25= ☐ , ㉣에 알맞은 수는 25+ ☐ = ☐ ,

㉤에 알맞은 수는 25+ ☐ = ☐ , ㉥에 알맞은 수는 ☐ + ☐ = ☐

입니다. 답 _____

 확인 **1** 덧셈표의 빈칸에 알맞은 수를 써넣으세요.

+	3		5		7
	6				
4		8			
			10		
6				12	
					14

확인 **2** 1번의 덧셈표에서 찾을 수 있는 규칙을 **3**가지 써 보세요.

규칙 _____

_____

_____

_____

곱셈표에서 규칙 찾기

×	1	2	3	4	5	6	7
1	1	2	3	4	5	6	7
2	2	4	6	8	10	12	14
3	3	6	9	12	15	18	21
4	4	8	12	16	20	24	28
5	5	10	15	20	25	30	35
6	6	12	18	24	30	36	42
7	7	14	21	28	35	42	49

- 오른쪽으로 갈수록 일정한 수만큼 커지는 규칙이 있습니다.
  - 예) 3−6−9−12−15−18−21(3씩)
    5−10−15−20−25−30−35(5씩)
- 아래쪽으로 갈수록 일정한 수만큼 커지는 규칙이 있습니다.
- 세로(↓ 방향)로 한 줄에 있는 수들은 가로(→ 방향)에도 한줄에 있습니다.
- ＼ 방향에 있는 1에서 49까지 직선을 그어 접으면 서로 같은 수끼리 만납니다.

- ＼ 방향으로 갈수록 더해지는 수가 2씩 커지는 규칙이 있습니다.
  - 예) 1 4 9 16 25 36 49
       3 5 7 9 11 13

곱셈표를 보고 물음에 답해 보세요. [1∼3]

×	1	2	3	4	5
1	1				
2		4			
3			9		
4				16	
5					25

Jump 도우미

1=1×1
4=2×2
9=3×3
16=4×4
25=5×5

1 곱셈표를 완성해 보세요.

2 위 곱셈표를 완성한 방법을 써 보세요.

(   )

3 완성한 곱셈표에서 규칙을 찾아 써 보세요.

규칙 _____

_____

 응용 규칙에 맞게 빈칸에 알맞은 수를 써넣으세요.

	2	
1	6	6
	3	

	2	
4		4
	8	

	3	
6		
	8	

생각열기 먼저 표의 규칙을 찾아봅니다.

풀이 $2 \times 3 =$ ☐ , $1 \times 6 =$ ☐ 이므로 가운데 들어갈 수는 위와 아래, 왼쪽과 오른쪽에 있는 수의 곱입니다. 따라서 $2 \times 8 =$ ☐ , $4 \times 4 =$ ☐ 이고 $3 \times 8 =$ ☐ , $6 \times$ ☐ $=$ ☐ 입니다.

6 단원

 1 ● 안의 수는 양 끝의 ☐ 안에 있는 두 수의 곱입니다. ☐ 안에 알맞은 수를 써넣으세요.

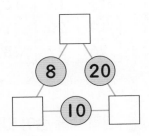

 2 곱셈표에서 규칙을 찾아 빈곳에 알맞은 수를 써넣으세요.

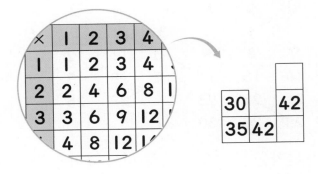

 3 빈곳에 알맞은 수를 써넣어 곱셈표를 완성해 보세요.

×	3		7	
	6		14	
4		20		
	18		42	
8				72

● 영화관 의자 번호에서 규칙 찾기

가1	가2	가3	가4	가5	가6	가7	가8	가9	가10	가11	가12	가13	가14	가15
나1	나2	나3	나4	나5	나6	나7	나8	나9	나10	나11	나12	나13	나14	나15
다1	다2	다3	다4	다5	다6	다7	다8	다9	다10	다11	다12	다13	다14	다15
라1	라2	라3	라4	라5	라6	라7	라8	라9	라10	라11	라12	라13	라14	라15
마1	마2	마3	마4	마5	마6	마7	마8	마9	마10	마11	마12	마13	마14	마15

• ↓ 방향으로 가, 나, 다, ……와 같이 한글이 순서대로 적혀 있는 규칙이 있습니다.
• → 방향으로 1, 2, 3, 4, ……와 같이 수가 순서대로 적혀 있는 규칙이 있습니다.

● 달력 속에 있는 수의 규칙 알기

일	월	화	수	목	금	토
			1	2	3	4
5	6	7	8	9	10	11
12	13	14	15	16	17	18
19	20	21	22	23	24	25
26	27	28	29	30		

• 일요일인 날짜는 5일, 12일, 19일, 26일입니다.
• 같은 요일은 7일마다 반복됩니다.
• 빨간색 선 위에 있는 날짜들은 오른쪽 위에서 왼쪽 아래로 갈수록 6씩 커집니다.

Jump 도우미

달력 속에 숨어 있는 수의 규칙을 알아보려고 합니다. 물음에 답해 보세요. [1~3]

일	월	화	수	목	금	토
	1	2	3	4	5	6
7	8	9	10	11	12	13
14	15	16	17	18	19	20
21	22	23	24	25	26	27
28	29	30	31			

• 같은 요일은 7일마다 반복됩니다.
• 일주일은 7일이므로 일주일이 지날 때마다 각 요일의 날짜는 7씩 늘어납니다.

1 화요일인 날짜를 찾아 모두 ○표 하고 규칙을 써 보세요.

2 빨간색 선 위에 있는 날짜들은 어떤 규칙이 있나요?

3 초록색 선 위에 있는 날짜들은 어떤 규칙이 있나요?

핵심 응용 어느 음악 공연장의 자리를 나타낸 그림입니다. 예슬이의 자리는 마열 일곱 번째입니다. 예슬이가 앉을 의자의 번호는 몇 번인가요?

무대

	첫째	둘째	셋째	……						
가열	1	2	3	4	5					
나열 :	12	13	14							

 ↓방향으로 얼마씩 커지는지 살펴봅니다.

풀이 ↓방향으로 ☐씩 커지는 규칙이 있습니다.

가열 일곱 번째 자리의 번호는 7, 나열 일곱 번째 자리의 번호는

7+☐=☐, 다열 일곱 번째 자리의 번호는 ☐+☐=☐,

라열 일곱 번째 자리의 번호는 ☐+☐=☐이므로 마열 일곱 번째

자리의 번호는 ☐+☐=☐입니다. 답 _____

6 단원

 확인 **1** 어느 해 11월 달력의 일부분입니다. 같은 해 12월 8일은 무슨 요일인가요?

일	월	화	수	목	금	토
				1	2	3
4	5	6	7			

확인 **2** 전자 계산기의 숫자 버튼에서 찾을 수 있는 수의 규칙을 3가지 써 보세요.

1 주어진 모양을 이용하여 자기만의 규칙을 정해 무늬를 만들어 보세요.

2 규칙을 찾아 그림을 완성해 보세요.

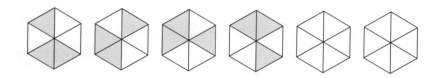

3 어떤 모양 16개를 규칙적으로 배열하여 만든 무늬입니다. 어떤 모양을 그려 보세요.

(1)

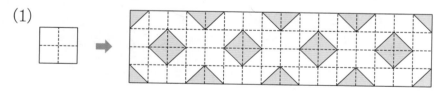

(2)

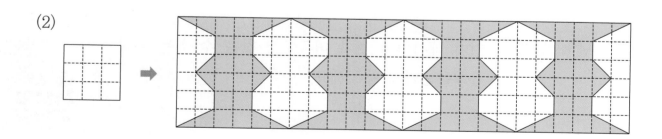

4 어떤 모양 **6**개를 규칙적으로 배열한 무늬입니다. 어떤 모양을 그려 보세요.

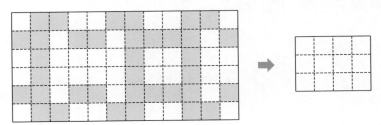

5 규칙을 찾아 그림을 완성해
보세요.

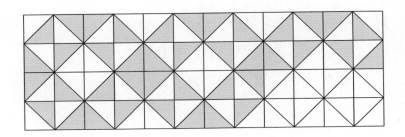

6 규칙을 찾아 왼쪽 그림의 맨 아랫줄을 완성하고 오른쪽 표의 빈칸에 알맞은 수를
써넣으세요.

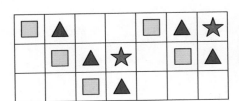

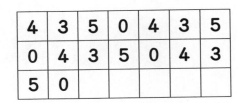

4	3	5	0	4	3	5
0	4	3	5	0	4	3
5	0					

7 규칙에 따라 쌓기나무로 만든 모양을 늘어놓을 때, 이십 번째에 놓이는 모양의 쌓기나무의 개수는 몇 개인가요?

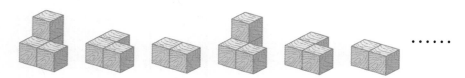

8 규칙에 따라 쌓기 나무를 쌓아갈 때, 여덟 번째에 필요한 쌓기나무는 몇 개인가요?

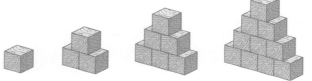

9 규칙에 따라 쌓기나무를 쌓았습니다. 열여덟 번째까지 쌓은 쌓기나무는 모두 몇 개인가요?

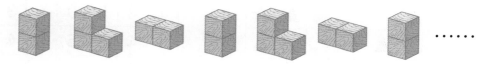

10 덧셈표를 보고 물음에 답해 보세요.

+	1		7	
	2			
4		8		
			14	
10				20

(1) 덧셈표를 완성해 보세요.

(2) 완성한 덧셈표에서 찾을 수 있는 규칙을 **3**가지 써 보세요.

11 덧셈표에서 ㉠과 ㉡에 알맞은 수를 구해 보세요.

+		6		
2	5			17
		10	㉠	16
6			15	㉡

12 다음 덧셈표에는 ↓ 방향으로 **4**씩 커지고 ↘ 방향으로 **8**씩 커지는 규칙이 있습니다. 물음에 답해 보세요.

+	4		㉠
		28	

(1) ㉠에 알맞은 수를 구해 보세요.

(2) 빈칸에 알맞은 수를 써넣어 덧셈표를 완성해 보세요.

13 곱셈표를 보고 물음에 답해 보세요.

(1) 곱셈표를 완성해 보세요.

×		4		8
	4		12	
		16		
6	12			
		32		

(2) 완성한 곱셈표에서 가장 큰 곱은 얼마인가요?

(3) 완성한 곱셈표에서 찾을 수 있는 규칙을 **2**가지 써 보세요.

14 곱셈표의 일부분입니다. 물음에 답해 보세요.

(1) 곱셈표를 완성해 보세요.

12			21
		20	28
20	25	30	35
			42

(2) 완성한 곱셈표에서 그 값이 **30**보다 큰 수는 모두 몇 개인가요?

15 규칙에 따라 쌓기나무를 쌓으려고 합니다. 쌓기나무 **21**개가 사용된 모양은 몇 번째인가요?

  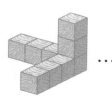 ......

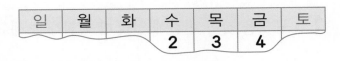
16 어느 달 달력의 일부분입니다. 이 달의 셋째 목요일과 넷째 토요일의 날짜의 합에서 둘째 수요일의 날짜를 **뺀** 수는 얼마인가요?

일	월	화	수	목	금	토
			2	3	4	

17 10월 달력의 일부분이 찢어져 보이지 않습니다. 같은 해 크리스마스는 무슨 요일인가요?

일	월	화	수	목	금	토
1	2	3				

6
단원

18 어느 음악 공연장의 자리를 나타낸 그림입니다. 가영이의 자리는 바열 아홉 번째입니다. 가영이가 앉을 의자의 번호는 몇 번인가요?

무대

첫째 둘째 셋째 …

가열
| 1 | 2 | 3 | 4 | 5 | | | | | | |

나열
| 13 | 14 | 15 | | | | | | | | |

| | | | | | | | | | | |

1 규칙을 찾아 빈칸에 알맞게 색칠해 보세요.

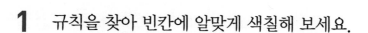

2 규칙을 찾아 그림을 완성해 보세요.

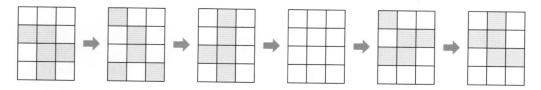

3 어떤 모양 8개를 규칙적으로 배열한 무늬입니다. 어떤 그 모양을 그려 보세요.

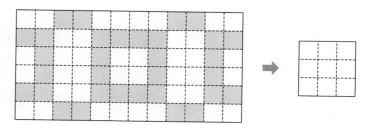

4 규칙을 찾아 빈 곳에 알맞은 그림을 그려 보세요.

5 시곗바늘이 도는 방향으로 일정한 규칙에 따라 색칠한 것입니다. 네 번째 그림에서 색칠되는 칸에 있는 수를 더한 값을 구해 보세요.

첫 번째   두 번째   세 번째   네 번째   다섯 번째

6 규칙에 따라 쌓기나무를 쌓고, 그림과 같이 앞에서 보이는 면에 차례대로 수를 써넣었습니다. 다섯 번째 모양의 쌓기나무에 써야 할 수 중에서 가장 큰 수는 무엇인가요?

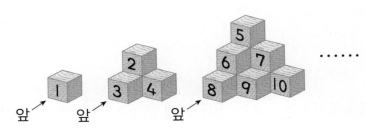

7 곱셈표에서 ㉠과 ㉡에는 같은 수가 들어갑니다. ㉢에 들어갈 수를 구해 보세요.

×		3		
	1		6	
㉢				㉡
6		㉠		54
				72

8 1부터 100까지의 수를 오른쪽과 같이 배열하였습니다.

(△1, ③)=9, (△4, ②)=11로 나타낼 때, (△6, ⑧)의 값은 얼마인가요?

	①	②	③	④	⑤		⑩
△1	1	4	9	16	25		100
△2	2	3	8	15	24		
△3	5	6	7	14	23		
△4	10	11	12	13	22		
△5	17	18	19	20	21		
△10							

9 8의 수 배열표에서 (△㉠, ㉡)=55일 때 ㉠+㉡의 값을 구해 보세요.

10 오른쪽 덧셈표에서 **8**개의 빈 칸을 모두 채울 때 색칠된 빈 칸에 들어갈 세 수의 합을 구해 보세요.

+			12
9		15	21
	17		
	22		29

11 오른쪽은 왼쪽 덧셈표의 일부분입니다. 규칙을 찾아 ㉮＋㉯＋㉰의 값을 구해 보세요.

+	6	12	18	24	30	⋯
1	7	13	19	25	31	⋯
3	9	15	21	27	33	⋯
5	11	17	23	29	35	⋯

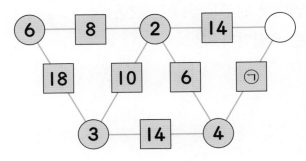

12 규칙을 찾아 ㉠에 알맞은 수를 모두 구해 보세요.

13 사각형을 하나씩 늘려가며 규칙에 따라 사각형의 각 꼭지점에 수를 써넣었습니다. 다섯 번째 도형에서 그려진 가장 작은 사각형의 네 꼭지점에 있는 수들의 합을 구해 보세요.

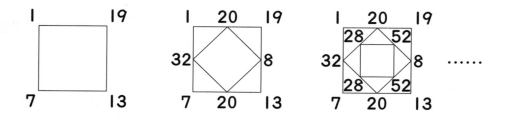

14 규칙에 따라 표에 수들이 배열되어 있습니다. **3**은 **2**행 ㉮열, **25**는 **3**행 ㉲열에 있습니다. **57**은 몇 행 어떤 열에 있나요?

	㉮열	㉯열	㉰열	㉱열	㉲열
1행	1	2	6	7	15
2행	3	5	8	14	16
3행	4	9	13	17	25
4행	10	12	18	24	26
5행	11	19	23	27	35
⋮	⋮	⋮	⋮	⋮	⋮

15 어느 해 **10**월 달력의 일부분입니다. 같은 해 **8**월 **31**일은 무슨 요일인가요?

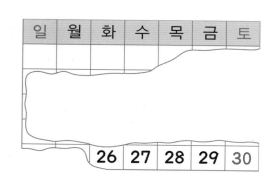

16 어느 해 달력의 일부분입니다. 같은 해 한 달 전의 달력에서 **15**일은 수요일이었고 두 달 전의 달력에서 **23**일은 목요일이었습니다. 주어진 달력은 몇 월의 달력인가요?

일	월	화	수	목	금	토
						1
2	3	4	5	6	7	8

17 오른쪽 달력에서 색칠한 네 수의 합이 **52**일 때, 이 달의 네 번째 일요일의 날짜를 구해 보세요.

일	월	화	수	목	금	토

6
단원

18 어느 해 **3**월의 달력에서 화요일에 있는 수들의 합을 ㉠, 금요일에 있는 수들의 합을 ㉡이라고 할 때, ㉠과 ㉡의 차는 **13**입니다. 같은 해 **5**월의 화요일에 있는 수들의 합을 ㉢, 금요일에 있는 수들의 합을 ㉣이라고 할 때, ㉢과 ㉣의 차는 얼마인지 구해 보세요.
(단, **3**월 **1**일은 목, 금, 토요일 중 하나입니다.)

3월						
일	월	화	수	목	금	토

1 그림을 보고 규칙을 찾아 물음에 답해 보세요.

(1) 여섯째 번, 아홉째 번 무늬를 완성해 보세요.

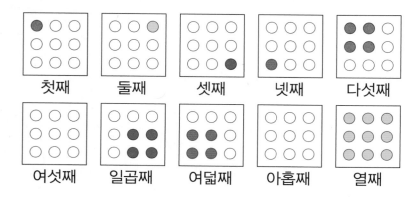

(2) 열넷째 번 무늬를 완성해 보세요. (단, 검은 구슬이 다른 구슬과 겹치면 검은 구슬만 보입니다.)

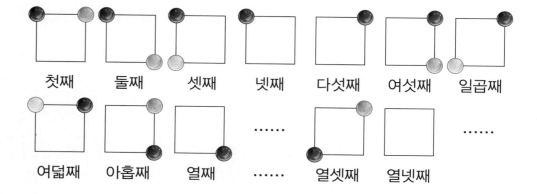

점프

왕수학

최상위 5%
도약을 위한

최상위

정답과 풀이

2-2

(주)에듀왕

정답과 풀이

1 네 자리 수

> 1 1000, 천　　　　　2 200, 7
> 3 9000, 구천　　　　4 300원

1 940－950－960－……
　10씩 뛰어 세기 한 수이므로 990보다 10만큼
　더 큰 수는 1000입니다.
　1000은 천이라고 읽습니다.

2 (1) 800보다 200만큼 더 큰 수는 1000입니다.
　(2) 1000이 7개인 수는 7000입니다.

4 100이 10개이면 1000입니다. 100원짜리 동
　전이 7개 있으므로 3개가 더 있어야 합니다.
　따라서 예슬이가 과자를 사려면 100원짜리 동
　전 3개인 300원이 더 있어야 합니다.

> 핵심 응용　풀이 3, 3000, 50, 5000, 8000,
> 　　　　　　　1000, 1000
> 　　　　답 1000원
> 확인 1 100이 70개인 수
> 　　　2 5000장
> 　　　3 8000원

1 100이 70개인 수는 7000이고 1000이 6개인
　수는 6000입니다.
　따라서 더 큰 수는 100이 70개인 수입니다.

2 1000장짜리 묶음 3개는 3000장이고 100장짜
　리 묶음 20개는 2000장입니다.
　따라서 상자 안에 들어 있는 색종이는 모두
　5000장입니다.

3 1000원짜리 지폐 2장 : 2000원, 500원짜리
　동전 7개 : 3500원, 100원짜리 동전 25개 :
　2500원
　따라서 가영이의 저금통에 들어 있는 돈은 모두
　8000원입니다.

> 1 2641, 7104　　　2 7000, 7
> 3 710　　　　　　　4 4760원

2 천의 자리 숫자 7은 7000을 나타냅니다.
　일의 자리 숫자 7은 7을 나타냅니다.

3 4310에서 1은 10, 8765에서 7은 700을 나
　타내므로 두 숫자가 나타내는 값의 합은 710입
　니다.

4 1000원짜리 지폐 4장은 4000원, 100원짜리
　동전 7개는 700원, 10원짜리 동전 6개는 60원
　이므로 효근이가 가지고 있는 돈은 모두 4760원
　입니다.

> 핵심 응용　풀이 7000, 1100, 450, 8550
> 　　　　답 8550원
> 확인 1 ○ : 5108, △ : 8245
> 　　　2 7384, 칠천삼백팔십사
> 　　　3 5823, 5822, 5821, 5820

1 ・4052에서 숫자 5는 50을 나타냅니다.
　・3590에서 숫자 5는 500을 나타냅니다.
　・5108에서 숫자 5는 5000을 나타냅니다.
　・8245에서 숫자 5는 5를 나타냅니다.
　따라서 숫자 5가 나타내는 값이 가장 큰 수는
　5108이고 가장 작은 수는 8245입니다.

2 천의 자리 숫자 : 5 ➡ 5000, 백의 자리 숫자 : 3
　➡ 300, 십의 자리 숫자 : 8 ➡ 80,
　일의 자리 숫자 : 4 ➡ 4이므로 5384입니다.
　따라서 5384보다 2000만큼 더 큰 수는 7384
　라 쓰고 칠천삼백팔십사라고 읽습니다.

3 네 자리 수를 ■▲★●라 하면
　㉠ 일의 자리 숫자가 4보다 작으므로 ■▲★3,
　■▲★2, ■▲★1, ■▲★0
　㉡ 백의 자리 숫자가 8, 십의 자리 숫자가 2이므

로 ■823, ■822, ■821, ■820

ⓒ 5000보다 크고 6000보다 작은 수이므로
5823, 5822, 5821, 5820입니다.

Jump 1 핵심알기   10쪽

> 1 5193
> 2 4460, 6460, 1305, 1315
> 3 1990, 2090   4 2822장

1 1씩 뛰어 세므로 일의 자리 숫자가 1씩 커집니다.
5189-5190-5191-5192-5193

2 ⑴ 2460-3460이므로 1000씩 뛰어 세는 규칙입니다.
1000씩 뛰어 세는 규칙이므로 2460-3460-4460-5460-6460입니다.
⑵ 1285-1295이므로 10씩 뛰어 세는 규칙입니다.
10씩 뛰어 세는 규칙이므로 1285-1295-1305-1315-1325입니다.

3 1890에서 100을 뛰어 세면 1990이고 1990에서 100을 뛰어 세면 2090입니다.

4 2742에서 10씩 8번 뛰어 세면 2742-2752-2762-…-2822입니다.
따라서 색종이를 10장씩 8번 더 넣으면 모두 2822장입니다.

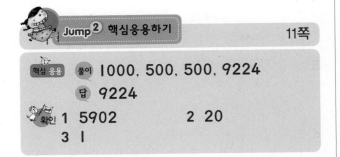

Jump 2 핵심응용하기   11쪽

> 핵심응용 풀이 1000, 500, 500, 9224
> 답 9224
> 확인 1 5902   2 20
> 3 1

1 어떤 수에서 커지는 규칙으로 100씩 5번 뛰어 센 수가 6402이므로 6402에서 작아지는 규칙

으로 100씩 5번 뛰어 센 수가 어떤 수입니다.
6402-6302-6202-6102-6002-5902
따라서 어떤 수는 5902입니다.

2 4번 뛰어 세기 한 수가 120 ➡ 200으로 바뀌었으므로 십의 자리 숫자가 2씩 커졌습니다.
따라서 20씩 뛰어 센 것입니다.

3 천의 자리 숫자가 4, 백의 자리 숫자가 9, 십의 자리 숫자가 5, 일의 자리 숫자가 6인 네 자리 수는 4956입니다. 4956에서 커지는 규칙으로 60씩 6번 뛰어 세면 4956-5016-5076-5136-5196-5256-5316이므로 5316에서 십의 자리 숫자는 1입니다.

Jump 1 핵심알기   12쪽

> 1 ⑴ < ⑵ >   2 ④
> 3 6345, 6321, 4104, 4039
> 4 노란 콩
> 5 가장 큰 수: 7430, 가장 작은 수: 3047

1 ⑴ 2730 < 4152   ⑵ 1762 > 1739
  2<4   6>3

2 천의 자리 숫자가 같을 때에는 백의 자리 숫자, 십의 자리 숫자, 일의 자리 숫자를 차례대로 비교합니다.
3904 > 3690 > 2416 > 1890 > 1029

3 천의 자리 숫자가 같을 때에는 백의 자리 숫자, 십의 자리 숫자, 일의 자리 숫자를 차례대로 비교합니다.
6345 > 6321 > 4104 > 4039

4 3280 < 4010
  3<4
따라서 노란 콩이 더 많습니다.

5 가장 큰 수는 천의 자리 숫자가 가장 클 때이고, 가장 작은 수는 천의 자리 숫자가 가장 작을 때입니다. 가장 작은 숫자가 0이지만 0은 수의 가장 앞자리인 천의 자리에 올 수 없으므로 둘째로 작

은 숫자인 **3**이 와야 합니다. 따라서 만들 수 있는
네 자리 수 중에서 가장 큰 수는 **7430**이고 가장
작은 수는 **3047**입니다.

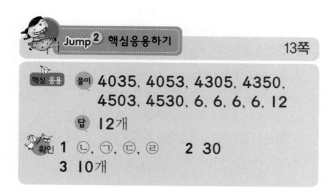

Jump② 핵심응용하기

13쪽

핵심응용 **풀이** **4035, 4053, 4305, 4350,**
4503, 4530, 6, 6, 6, 6, 12

답 **12**개

확인 **1** ㉡, ㉠, ㉢, ㉣   **2** **30**
3 **10**개

1 ㉠ **1000**이 **4**개, **100**이 **16**개,
1이 **20**개인 수 ➡ **5620**
㉡ 오천칠백이십사 ➡ **5724**
㉢ **5471**
㉣ **4965**보다 **500**만큼 더 큰 수 ➡ **5465**
따라서 가장 큰 수부터 차례대로 기호를 쓰면 ㉡,
㉠, ㉢, ㉣입니다.

2 천의 자리 숫자, 백의 자리 숫자가 같으므로 십의
자리 숫자의 크기를 비교합니다. **6**<□이므로 □
안에는 **6**보다 큰 **7, 8, 9**가 들어가지만 일의 자
리 숫자의 크기를 비교하면 **5**<**7**이므로 십의 자
리에 **6**도 들어갈 수 있습니다.
따라서 □ 안에 들어갈 수 있는 숫자는 **6, 7, 8,
9**이고 이 숫자들을 모두 더하면
6+7+8+9=30입니다.

3 천의 자리 숫자가 **3**, 백의 자리 숫자가 **6**, 십의 자
리 숫자가 **7**, 일의 자리 숫자가 □이면 **367**□
입니다.
367□인 수 중에서 **3600**보다 큰 수를 찾습니다.
따라서 **3670, 3671, 3672, ……, 3679**이
므로 모두 **10**개입니다.

Jump③ 왕문제

14~19쪽

1 **8**자루	**2** ㉠, ㉣, ㉡, ㉢
3 **700**	**4** ㉡
5 ㉡, ㉢, ㉠	**6** **18**개
7 **9000**원	**8** **9900**원
9 **5, 6, 7, 8, 9**	**10** **7570**원
11 **5**	**12** **9988**
13 **7**개	**14** **2058**
15 **20**개	**16** **4890**
17 MMDLXXXVII	**18** **6595**

1 한별이가 모은 돈은 **5700**원입니다.
700씩 **8**번 뛰어 세면 **0**-**700**-**1400**-
2100-**2800**-**3500**-**4200**-**4900**-
5600입니다.
따라서 한별이는 **700**원짜리 색연필을 **8**자루까
지 살 수 있습니다.

2 ㉠과 ㉣ 중 가장 큰 수가 있습니다. ㉠의 □ 안에
0을 넣어도 ㉠은 ㉣보다 커지므로 가장 큰 수는
㉠입니다.
㉡과 ㉢ 중 가장 작은 수가 있는데 ㉢의 백의 자
리 숫자가 더 작으므로 ㉢이 가장 작은 수입니다.
따라서 가장 큰 수부터 차례대로 기호를 쓰면 ㉠,
㉣, ㉡, ㉢입니다.

3 천의 자리 숫자부터 크기를 비교하여 가장 큰 수
부터 차례대로 씁니다.
4735>**4074**>**3764**>**3407**>**2670**
>**2547**
따라서 셋째로 큰 수인 **3764**에서 숫자 **7**이 나타
내는 수는 **700**입니다.

4 ㉠ **7, 8, 9** ➡ **3**개
㉡ **0, 1, 2, 3** ➡ **4**개
㉢ **8, 9** ➡ **2**개

5 ㉠ **2720** ㉡ **2990** ㉢ **2830**
따라서 가장 큰 수부터 차례대로 기호를 쓰면 ㉡,
㉢, ㉠입니다.

6 천의 자리 숫자가 **1**일 때 만들 수 있는 네 자리 수:
1058, 1085, 1508, 1580, 1805, 1850
➡ **6**개
같은 방법으로 천의 자리 숫자가 **5, 8**인 경우도

각각 **6**개이므로 만들 수 있는 네 자리 수는 모두
6+6+6=18(개)입니다.

7 지혜가 모은 돈은 **4700**원, 동생이 모은 돈은
4500원입니다.
4700>4500이고, 지혜와 동생이 같은 금액을
내므로 **4500**원씩 내면 **9000**원짜리 선물을 살
수 있습니다.

8 **1000**원짜리 지폐 **3**장은 **3000**원, **500**원짜리
동전 **6**개는 **3000**원, **100**원짜리 동전 **13**개는
1300원, **50**원짜리 동전 **24**개는 **1200**원이므
로 상연이의 저금통에 들어 있던 돈은 **8500**원입
니다.
매일 **200**원씩 **7**일 동안 저금하면 **8500**-
8700-**8900**-**9100**-**9300**-**9500**-
9700-**9900**이므로 저금통에 들어 있는 돈은
모두 **9900**원이 됩니다.

9 □ 안에 **0**부터 **9**까지의 숫자를 차례대로 넣어봅
니다.
0을 넣으면 **6401>6037**이고, ……,
4를 넣으면 **6441>6437**이고,
5를 넣으면 **6451<6537**이고, ……,
9를 넣으면 **6491<6937**입니다.
따라서 □ 안에 공통으로 들어갈 수 있는 숫자는
5, **6**, **7**, **8**, **9**입니다.

10 • 한초가 저금한 돈 ➡ **1000**원짜리 지폐 **4**장:
4000원, **100**원짜리 동전 **25**개: **2500**원
➡ **6500**원
• 석기가 저금한 돈 ➡ **100**원짜리 동전 **13**개:
1300원, **6500**원보다 **1300**원 적은 돈
➡ **5200**원
• 효근이가 저금한 돈 ➡ **1000**원짜리 지폐 **2**장:
2000원, **10**원짜리 동전 **37**개: **370**원
➡ **2370**원
5200원보다 **2370**원 많은 돈 ➡ **7570**원

11 **3**□**52<3648**에서 □ 안에 들어갈 수 있는
숫자는 **0**, **1**, **2**, **3**, **4**, **5**입니다.
87□**9>8756**에서 □ 안에 들어갈 수 있는 숫
자는 **5**, **6**, **7**, **8**, **9**입니다.
따라서 □ 안에 공통으로 들어갈 수 있는 숫자는
5입니다.

12 **50**씩 뛰어 센 것입니다.
두 수를 하나로 묶어 보면, (**8538**, **8588**),
(**8638**, **8688**), (**8738**, **8788**), ……,
(**9938**, **9988**)이므로 가장 큰 네 자리 수는
9988입니다.

13 **50**씩 뛰어 세는 규칙이므로 **2711**과 **3111** 사
이에 들어가는 수는 **2761**, **2811**, **2861**,
2911, **2961**, **3011**, **3061**입니다.
따라서 **2711**과 **3111** 사이에 들어가는 수는 모
두 **7**개입니다.

14 웅이가 만들 수 있는 가장 큰 네 자리 수가
7643이고, 가장 작은 네 자리 수가 **1346**이므
로 웅이가 가진 숫자 카드에 적힌 숫자는 **1**, **3**,
4, **6**, **7**입니다. 따라서 한초가 가진 숫자 카드에
적힌 숫자는 **0**, **2**, **5**, **8**, **9**이므로 한초가 만들
수 있는 가장 작은 네 자리 수는 **2058**입니다.

15 **5**□**9**△**>5799**
백의 자리 숫자가 **8**일 때 일의 자리 숫자는 **0**~**9**
➡ **10**개
백의 자리 숫자가 **9**일 때 일의 자리 숫자는 **0**~**9**
➡ **10**개
따라서 모두 **20**개입니다.

16 →**2**개 ➡ **200**만큼 더 큰 수, ←**1**개 ➡ **100**
만큼 더 작은 수
↑**2**개 ➡ **20**만큼 더 큰 수, ↓**1**개 ➡ **10**만
큼 더 작은 수이므로
구하는 수는 **4780**보다 **110**만큼 더 큰 수인
4890입니다.

17 **2587**에서 **2000**은 MM으로, **500**은 D로,
80은 LXXX로, **7**은 VII로 나타낼 수 있으므
로 **2587**을 로마 숫자로 나타내면
MMDLXXXVII입니다.

18 **50**씩 커지는 규칙으로 **3**번 뛰어 센 수가 **5245**
이므로 **50**씩 작아지는 규칙으로 **3**번 뛰어 센 수
를 어떤 수라고 놓습니다.
5245-**5195**-**5145**-**5095**이므로 어떤
수는 **5095**입니다.
5095에서 **500**씩 커지는 규칙으로 **3**번 뛰어 세
기 하면 **5095**-**5595**-**6095**-**6595**입니다.
따라서 바르게 뛰어 센 수는 **6595**입니다.

Jump 4 왕중왕문제

20~25쪽

1 11개	**2** 18개
3 5775	**4** 45개
5 29개	**6** 가영
7 100	**8** 21번
9 208개	**10** 6435
11 36개	**12** 4개
13 6개	**14** 3554
15 15개	**16** 28
17 10개	**18** 1477

1 네 자리 수 10㉠㉡에서 ㉠㉡이 될 수 있는 수는 59, 68, 77, 86, 95로 5개이고, 11㉠㉡에서 ㉠㉡이 될 수 있는 수는 49, 58, 67, 76, 85, 94로 6개이므로 구하려고 하는 수는 모두 5+6=11(개)입니다.

2 • 천의 자리 숫자가 3일 때: 3605, 3608, 3650, 3658, 3680, 3685 ➡ 6개
  • 천의 자리 숫자가 5일 때: 5603, 5608, 5630, 5638, 5680, 5683 ➡ 6개
  • 천의 자리 숫자가 8일 때: 8603, 8605, 8630, 8635, 8650, 8653 ➡ 6개
  따라서 모두 6+6+6=18(개) 만들 수 있습니다.

3 5000보다 크고 6000보다 작은 수이므로 천의 자리 숫자는 5입니다. 앞의 숫자부터 읽어도 뒤의 숫자부터 읽어도 같은 수이므로 일의 자리 숫자도 5이고 백의 자리 숫자와 십의 자리 숫자가 같습니다. 5■■5에서 각 자리의 숫자의 합이 24이므로 5+■+■+5=24, ■+■=14에서 ■=7입니다. 따라서 조건을 모두 만족하는 네 자리 수는 5775입니다.

4

일의 자리 숫자	0	1	2	3	4	5	6	7	8
백의 자리 숫자	1~9	2~9	3~9	4~9	5~9	6~9	7~9	8~9	9
개수(개)	9	8	7	6	5	4	3	2	1

따라서 모두
1+2+3+4+5+6+7+8+9=45(개)입니다.

5 6㉠89>67㉡1이므로 ㉠은 7보다 크거나 같은

숫자입니다. 따라서 ㉠은 7, 8, 9가 될 수 있습니다.
  ㉠=7일 때 ㉡은 8, 7, 6, 5, 4, 3, 2, 1, 0이므로 (7, ㉡)은 9개입니다.
  ㉠=8일 때 ㉡은 9, 8, 7, 6, 5, 4, 3, 2, 1, 0이므로 (8, ㉡)은 10개입니다.
  ㉠=9일 때도 (9, ㉡)은 (8, ㉡)과 마찬가지로 10개입니다. 따라서 모두 29개입니다.

6 • 석기가 만든 수 : 6421, 6412, 6241, 6214, 6142, 6124, 4621, 4612, 4261, 4216
  • 가영이가 만든 수 : 5432, 5423, 5342, 5324, 5243, 5234, 4532, 4523, 4352, 4325
  4216<4325이므로 더 큰 수를 만든 사람은 가영입니다.

7 3284에서 작아지는 규칙으로 50씩 5번 뛰어 센 수는 3284-3234-3184-3134-3084-3034에서 3034입니다.
  2734에서 ㉠씩 3번 뛰어 센 수가 3034이고 3034는 2734보다 300만큼 더 큰 수이므로 2734에서 100씩 3번 뛰어 센 수입니다.
  따라서 ㉠은 100입니다.

8 • 일의 자리 숫자가 5인 경우 : 2095(1번), 2105, 2115, ……, 2195(10번)
  • 십의 자리 숫자가 5인 경우 : 2150, 2151, ……, 2159(10번)
  따라서 1+10+10=21(번)입니다.

9 예슬이가 가진 카드에 적힌 수는 1000이 5개이면 5000, 100이 12개이면 1200, 1이 49개이면 49이므로 6249입니다.
  석기가 가진 카드에 적힌 수는 천의 자리 숫자가 6, 십의 자리 숫자가 4인 수 6■4● 중에서 가장 작은 수이므로 6040입니다.
  따라서 6040과 6249 사이에 있는 수는 6041부터 6248까지의 수이므로 모두 208개입니다.

10 ㉠ 6000보다 크고 7000보다 작으므로 6■●▲입니다.
  ㉡ 십의 자리 숫자는 천의 자리 숫자의 반이므로 6■3▲입니다.
  ㉢ 일의 자리 숫자는 천의 자리 숫자보다 작으므로 ▲<6이고 백의 자리 숫자는 일의 자리 숫자

보다 작으므로 ■<▲입니다.
㉣ 각 자리 숫자의 합이 18이므로
6+■+3+▲=18, ■+▲=9입니다.
▲<6, ■<▲, ■+▲=9이므로 ▲=5,
■=4입니다.
따라서 네 자리 수는 **6435**입니다.

11 1이 빠지는 경우: 2345, 2354, 2453, 2543,
4523, 5423, 3245, 3254, 3452,
3542, 4532, 5432
1이 빠지는 경우가 12개이므로 2가 빠지는 경우, 3이 빠지는 경우도 각각 12개씩이므로 구하려고 하는 네 자리 수는 모두
12+12+12=**36**(개)입니다.

12 천의 자리 숫자가 ★, 5이므로 ★은 5보다 큰 숫자인 6, 7, 8, 9로 **4**개입니다.

13 7■7■가 73●4보다 항상 크려면 7■7■는 73●4가 가장 큰 수일 때보다 더 커야 합니다.
73●4는 7394일 때 가장 큰 수이므로
7394<7■7■인 경우는 7474, 7575,
7676, 7777, 7878, 7979로 모두 **6**개입니다.

14 가장 작은 수 : 3047, 두 번째 작은 수 : 3074,
세 번째 작은 수 : 3407, 네 번째 작은 수 :
3470, 다섯 번째 작은 수 : 3704
따라서 3704부터 30씩 작아지도록 5번 뛰어 센 수는 3704-3674-3644-3614-3584-3554에서 **3554**입니다.

15 • 천의 자리 숫자가 4일 때 : 4321 ➡ 1개
  • 천의 자리 숫자가 5일 때 : 5321, 5421, 5431,
  5432 ➡ 4개
  • 천의 자리 숫자가 6일 때 : 6321, 6421, 6431,
  6432, 6521, 6531, 6532, 6541, 6542,
  6543 ➡ 10개
  ➡ 1+4+10=**15**(개)

16 ㉠+㉡+㉢+㉣의 값이 가장 작으려면 높은 자리의 숫자가 되도록 커야하므로 가장 작은 값은 ㉠=6, ㉡=5, ㉢=7, ㉣=1이고
㉠+㉡+㉢+㉣=**19**입니다.
그런데 ㉠+㉡+㉢+㉣의 값이 20보다 크고 30보다 작아야 하므로 1000 또는 100 또는 10을 100 또는 10 또는 낱개로 바꾸어야 합니다.

따라서 ㉠=5, ㉡=15, ㉢=7, ㉣=1 ➡ 28
따라서 ㉠=6, ㉡=4, ㉢=17, ㉣=1 ➡ 28
따라서 ㉠=6, ㉡=5, ㉢=6, ㉣=11 ➡ 28
이므로 ㉠+㉡+㉢+㉣=**28**입니다.

17 네 자리 수 ㉠㉡㉢㉣이 홀수가 되려면 ㉣은 홀수입니다. 조건에 맞는 수를 표를 그려 알아봅니다.

㉠	5	6	7	8	9
㉡	0	1	2	3	4
㉢㉣	81, 63, 27	43, 25, 07	41, 05	21	01
개수	3개	3개	2개	1개	1개

➡ 3+3+2+1+1=**10**(개)

18 각 자리의 숫자 중 같은 숫자가 2개 있고, 각 자리의 숫자의 합이 19인 가장 작은 네 자리 수는 1099입니다.
두 번째 작은 수 : 1189, 세 번째 작은 수 : 1198,
네 번째 작은 수 : 1288, 다섯 번째 작은 수 : 1477
따라서 유승이네 집 비밀번호는 **1477**입니다.

Jump 5 영재교육원 입시대비문제   26쪽

1 5일째 되는 날   **2** 12가지

1 빵을 하루에 400개씩 판매한 후 100개씩 새로 만들면 하루에 빵이 300개씩 줄어듭니다.
1550 - 1250 - 950 - 650 - 350
 (첫째 날) (둘째 날)(셋째 날)(넷째 날)
넷째 날 판매하고 남은 빵이 350개이고 다섯째 날 빵을 400개 판매해야 하는데 350개만 있으므로 제과점에서 판매하는 빵이 부족한 날은 처음 빵을 판매한 지 **5일째 되는 날**입니다.

2

	1000원	500원	100원
방법 1	3	·	·
방법 2	2	2	0
방법 3	2	1	5
방법 4	2	·	10
방법 5	1	4	·
방법 6	1	3	5
방법 7	1	2	10
방법 8	1	1	15
방법 9	1	·	20
방법 10	·	4	10
방법 11	·	3	15
방법 12	·	2	20

2 곱셈구구

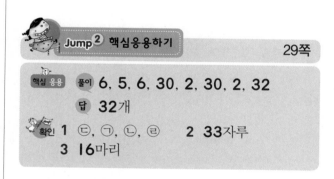

Jump ① 핵심알기 28쪽

1 3, 2   2 풀이 참조
3 20개

1 (1) 2개씩 3묶음이므로 $2 \times 3 = 6$입니다.
　(2) 5개씩 2묶음이므로 $5 \times 2 = 10$입니다.

2 (1) $2 \times 5 = 10$, $2 \times 6 = 12$
　(2) $5 \times 7 = 35$, $5 \times 8 = 40$

3 (필요한 초콜릿의 수)
　= (1명에게 나누어 주는 초콜릿 수) × (사람의 수)
　= $5 \times 4 = 20$(개)

Jump ② 핵심응용하기 29쪽

핵심 응용 풀이 6, 5, 6, 30, 2, 30, 2, 32
　　　　답 32개

확인 1 ㉢, ㉠, ㉡, ㉣   2 33자루
　　3 16마리

1 ㉠ 2와 8의 곱 ➡ $2 \times 8 = 16$
　㉡ $5 \times 2 + 5 = 10 + 5 = 15$
　㉢ 5 곱하기 4 ➡ $5 \times 4 = 20$
　㉣ $2 \times 6 + 2 = 12 + 2 = 14$
　따라서 계산 결과가 가장 큰 것부터 차례대로 쓰면 ㉢, ㉠, ㉡, ㉣입니다.

2 ・(웅이가 가지고 있는 연필의 수) = $2 \times 9 = 18$(자루)
　・(용희가 가지고 있는 연필의 수) = $5 \times 3 = 15$(자루)
　따라서 웅이와 용희가 가지고 있는 연필은 모두 $18 + 15 = 33$(자루)입니다.

3 ・(갈치의 수) = $5 \times 6 = 30$(마리)
　・(고등어의 수) = $2 \times 7 = 14$(마리)
　따라서 갈치는 고등어보다 $30 - 14 = 16$(마리) 더 많습니다.

1 5, 2
3 18자루
2

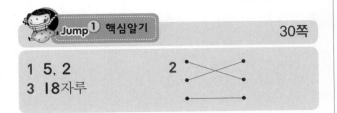

1 (1) 3개씩 5묶음이므로 3×5＝15입니다.
　(2) 6권씩 2묶음이므로 6×2＝12입니다.

2 3×7＝21, 6×5＝30, 3×6＝18

3 (효근이가 가지고 있는 색연필의 수)
　＝(용희가 가지고 있는 색연필의 수)×3
　＝6×3＝18(자루)

핵심 응용 풀이 27, 30, 27, 30, 28, 29, 28,
　　　　　　29, 57
　　　　답 57
확인 1 ㄹ 　　　　　2 39개
　　　3 12권

1 ㉠ 19＋5＝24 ➡ 6×4＝24
　㉡ 40－4＝36 ➡ 6×6＝36
　㉢ 12＋30＝42 ➡ 6×7＝42
　㉣ 31－6＝25 ➡ 5×5＝25
　따라서 계산 결과가 6단 곱셈구구의 곱이 아닌 것
　은 ㉣입니다.

2 (먹은 달걀의 수)＝3×9＝27(개)
　(남은 달걀의 수)＝6×2＝12(개)
　따라서 처음 냉장고에 있던 달걀은 모두
　27＋12＝39(개)입니다.

3 ·(지혜가 가지고 있는 공책의 수)＝3×8＝24(권)
　·(예슬이가 가지고 있는 공책의 수)
　　＝6×6＝36(권)
　따라서 예슬이는 지혜보다 공책을
　36－24＝12(권) 더 가지고 있습니다.

1 6, 2 　　　　2 풀이 참조
3 40살

2 (1)

×	1	2	3	6	8	9
4	4	8	12	24	32	36

(2)

×	1	3	5	7	8	9
8	8	24	40	56	64	72

3 (아버지의 나이)＝(동민이의 나이)×5
　　　　　　　　＝8×5＝40(살)

핵심 응용 풀이 4, 4, 8, 8, 4, 8, 4, 32, 32, 9,
　　　　　　41
　　　　답 41개
확인 1 4개 　　　　　2 4개
　　　3 지혜, 20개

1 8×1＋8＝16＜45, 8×2＋8＝24＜45,
　8×3＋8＝32＜45, 8×4＋8＝40＜45,
　8×5＋8＝48＞45, ……
　따라서 □ 안에 들어갈 수 있는 수는 5보다 작은
　수인 1, 2, 3, 4이므로 모두 4개입니다.

2 ·(웅이가 먹은 귤의 수)＝4×3＝12(개)
　·(형이 먹은 귤의 수)＝8×2＝16(개)
　따라서 형은 웅이보다 16－12＝4(개) 더 많이
　먹었습니다.

3 ·(지혜가 가지고 있는 사탕 수)＝8×7＝56(개)
　·(신영이가 가지고 있는 사탕 수)＝4×9＝36(개)
　따라서 지혜가 신영이보다 사탕을
　56－36＝20(개) 더 많이 가지고 있습니다.

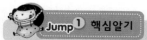 **Jump 1 핵심알기** 34쪽

1 5, 6 2 풀이 참조
3 42명

2 (1)
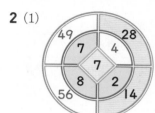
$7 \times 7 = 49$,
$7 \times 8 = 56$,
$7 \times \square = 28$,
$\square = 4$

(2)
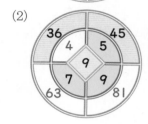
$9 \times 7 = 63$,
$9 \times 9 = 81$,
$9 \times \square = 36$,
$\square = 4$

3 (긴 의자에 앉을 수 있는 사람 수)
  =(긴 의자 1개에 앉을 수 있는 사람 수)
  ×(긴 의자의 수)
  =$7 \times 6 = 42$(명)

 **Jump 2 핵심응용하기** 35쪽

핵심 응용 풀이 2, 2, 18, 4, 4, 32, 3, 3, 21,
1, 1, 6, 18, 32, 21, 6, 77

답 77점

확인 1 (1) 3, 3, 51 (2) 5, 4, 51
   (3) 7, 3, 51

2 ㉠

1 (1) 구슬을 가로로 묶어 보면 9개씩 4줄, 2개씩 3
   줄, 3개씩 3줄 있습니다.
 (2) 구슬을 세로로 묶어 보면 7개씩 5줄, 3개씩 4
   줄, 1개씩 4줄 있습니다.
 (3) 구슬을 가로로 묶어 보면 9개씩 7줄에서 빈
   곳 4개씩 3줄을 뺀 만큼 있습니다.

참고 (3) 빈 곳에 구슬이 있다고 생각하고 전체 구슬
   의 수에서 빈 곳의 구슬의 수를 빼는 방법
   입니다.

---

2 ㉠ $9 \times \square = 45$, $\square = 5$
 ㉡ $\square \times 7 = 49$, $\square = 7$
 ㉢ $\square \times 6 = 36$, $\square = 6$
 ㉣ $8 \times \square = 48$, $\square = 6$
따라서 □ 안에 들어갈 수가 가장 작은 것은 ㉠입니다.

 **Jump 1 핵심알기** 36쪽

1 (1) 3 (2) 1 (3) 0 (4) 0
2 풀이 참조   3 9마리
4 0점

1 (1) $1 \times$(어떤 수)=(어떤 수)이므로 $1 \times 3 = 3$입니다.
 (3) $0 \times$(어떤 수)=0이므로 $0 \times 5 = 0$입니다.
 (4) (어떤 수)$\times 0 = 0$이므로 $9 \times 0 = 0$입니다.

2
×	0	1	2	3	4	5	6
0	0	0	0	0	0	0	0
1	0	1	2	3	4	5	6

3 • (물고기의 수)=$1 \times$(어항의 수)
 • (물고기의 수)=$1 \times 9 = 9$(마리)

4 고리가 걸리지 않으면 0점을 얻으므로 한솔이가
  얻은 점수는 $0 \times 8 = 0$(점)입니다.

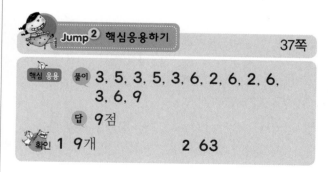 **Jump 2 핵심응용하기** 37쪽

핵심 응용 풀이 3, 5, 3, 5, 3, 6, 2, 6, 2, 6,
3, 6, 9

답 9점

확인 1 9개   2 63

1 (어떤 수)$\times 0 = 0$이므로 □ 안에는 1부터 9까지
  의 수가 모두 들어갈 수 있습니다.

2 ◇ 안에 들어갈 수 있는 수가 가장 클 때는
  $9 \times 7 = 63$이고 가장 작을 때는 $0 \times 7 = 0$입니다.
  따라서 $63 - 0 = 63$입니다.

 **Jump 1 핵심알기** 38쪽

1 ㉎ 8씩 커집니다. **2** ㉎ 6씩 커집니다.
3 35

1 8단 곱셈구구에서는 그 곱이 8씩 커집니다.

2 6단 곱셈구구에서는 그 곱이 6씩 커집니다.

3 4×7＝7×4＝28이므로 ㉠에 알맞은 수는
7이고 9×5＝5×9＝45이므로
㉡에 알맞은 수는 5입니다.
따라서 ㉠과 ㉡에 알맞은 수의 곱은 7×5＝35
입니다.

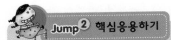 **Jump 2 핵심응용하기** 39쪽

핵심 응용 풀이 5, 5, 7, 7, 9, 9, 7, 35, 9, 63
7, 5, 35, 9, 7, 63
답 7×5＝35, 9×7＝63
확인 **1** 86 **2** 풀이 참조

1 7★6＝(7×8)＋(6×5)＝56＋30＝86

2 ㉠×㉡＝㉢이고
㉢×㉣＝㉤인 규칙입니다.

3×2＝가, 가＝6
가×9＝나, 6×9＝나, 나＝54

라×9＝81, 라＝9
다×3＝라, 다×3＝9, 다＝3

3		
2		
6	9	54

3		
3		
9	9	81

 **Jump 1 핵심알기** 40쪽

1 70명 **2** 62개
3 50장 **4** 7점

1 ・(운동장에 서 있는 남학생 수)＝6×7＝42(명)
・(운동장에 서 있는 여학생 수)＝7×4＝28(명)
따라서 운동장에 서 있는 남학생과 여학생은 모두
42＋28＝70(명)입니다.

2 ・(별이가 가지고 있는 수수깡의 수)
＝5×6＝30(개)
・(영이가 준 수수깡의 수)＝4×8＝32(개)
따라서 별이가 갖게 되는 수수깡은 모두
30＋32＝62(개)입니다.

3 (파란 색종이의 수)
＝8×7－6＝56－6＝50(장)

4 2점은 2명, 1점은 3명, 0점은 5명이므로 동민이
네 반 학생들의 점수는 모두
2×2＋1×3＋0×5＝7(점)입니다.

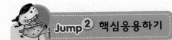 **Jump 2 핵심응용하기** 41쪽

핵심 응용 풀이 5, 5, 35, 4, 4, 24, 35, 24, 59
답 59개
확인 **1** 8개 **2** 14개
3 1점, 3점

1 (테이블 8개에 필요한 의자의 수)
＝6×8＝48(개)
따라서 부족한 의자는 48－40＝8(개)입니다.

2 ・(처음 석기의 쿠키)＝7×5＋3＝38(개)
・(효근이에게 준 쿠키)＝6×4＝24(개)
➡ (남은 쿠키 수)＝38－24＝14(개)

3 (상연이가 지금까지 얻은 점수)
＝0×3＋1×5＋3×4＋5×1＝22(점)이므
로 26점을 얻으려면 26－22＝4(점)을 더 얻어
야 합니다.
따라서 남은 화살 2개는 1점과 3점을 각각 1번씩
맞혀야 합니다.

Jump ③ 왕문제　　　42~47쪽

1 9개	2 28살
3 72	4 6
5 7	6 2개
7 64	8 8
9 3, 6, 7	10 69
11 5줄	12 23, 27
13 2	14 8개
15 14	16 가 문구점
17 56개	18 준기, 6칸

1 (영수가 가지고 있는 딱지의 수)
 =(6×4)+3=27(개)
 1줄에 놓는 딱지의 수를 □개라 하면
 □×3=27, □=9입니다.
 따라서 딱지를 3줄로 모두 놓으려면 1줄에 딱지
 를 9개씩 놓아야 합니다.

2 (어머니의 나이)=(8×5)-4=36(살)
 따라서 어머니의 나이는 효근이의 나이보다
 36-8=28(살) 더 많습니다.

3 □ 안에 들어갈 수 있는 수가 가장 클 때는
 9×8=72이고, 가장 작을 때는 0×8=0입니다.
 따라서 72+0=72입니다.

4 (7에 8을 곱한 수)=7×8=56
 어떤 수를 □라고 하면 (9×□)+2=7×8이므
 로 (9×□)+2=56 ➡ 9×□=54, □=6입
 니다.
 따라서 어떤 수는 6입니다.

5 어떤 수를 □라고 하면 □×7>45이므로
 □=7, 8, 9 ……이고, 4×□<30이므로
 □=0, 1, 2, 3, 4, 5, 6, 7입니다.
 따라서 두 조건을 모두 만족하는 □=7이므로 어
 떤 수는 7입니다.

6 (파란색 구슬의 수)=30-18=12(개)
 (노란색 구슬을 나누어 가진 사람의 수)
 =3×□=18, □=6(명)
 따라서 파란색 구슬 12개를 6명이 똑같이 나누어
 가지면 1명이 2개씩 갖게 되므로 한초가 가진 파
 란색 구슬은 2개입니다.

7 어떤 수는 7×7=49보다 큰 수이고,

9×3=27을 세 번 더한 값인
 27+27+27=81보다 작은 수입니다.
 서로 같은 수를 두 번 곱했을 때의 곱 중에서
 7×7=49보다 크고 9×9=81보다 작은 경우
 는 8×8=64이므로 어떤 수는 64입니다.

8 주어진 ●의 규칙은 ●의 앞, 뒤 수의 곱의 일의
 자리 숫자입니다.
 3×9=27 ➡ 3●9=7,
 4×8=32 ➡ 4●8=2,
 5×7=35 ➡ 5●7=5,
 6×6=36 ➡ 6●6=6,
 9×6=54 ➡ 9●6=4,
 7×6=42 ➡ 7●6=2
 따라서 4●7은 4×7=28에서 □ 안에 알맞은
 수는 8입니다.

9 두 수의 곱이 18인 경우 : 2×9, 3×6
 두 수의 곱이 42인 경우 : 6×7
 두 수의 곱이 21인 경우 : 3×7

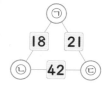

 따라서 ㉠=3, ㉡=6, ㉢=7입니다.

10 큰 수를 ■, 작은 수를 ▲라고 하면 ■×▲=27
 에서 27×1=27, 9×3=27입니다.
 큰 수는 작은 수의 3배이므로 큰 수는 9, 작은 수
 는 3입니다.
 큰 수를 5배 한 수는 9×5=45이고, 작은 수를
 8배 한 수는 3×8=24입니다.
 따라서 45+24=69입니다.

11 (전체 학생 수)=7×7=49(명)
 한 팀이 6×4=24(명)이므로 다른 한 팀은
 49-24=25(명)입니다.
 5×5=25이므로 다른 한 팀은 5명씩 5줄로 서
 야 합니다.

12 4×4+3=19, 4×5+3=23,
 4×6+3=27, 4×7+3=31에서 조건을 만
 족하는 쿠키의 수는 23개, 27개입니다.

13

×	1	2	3	4	5	6	7	8	9
8	8	16	24	32	40	48	56	64	72

8단 곱셈구구에서 곱의 일의 자리 숫자들은 8, 6, 4, 2, 0이 규칙적으로 반복되고 있습니다. 따라서 8×14의 일의 자리 숫자는 2입니다.

14 45>□×6에서 □ 안에 들어갈 수 있는 수는 0, 1, 2, 3, 4, 5, 6, 7이므로 모두 8개입니다.

15 같은 수를 2번 곱했을 때 십의 자리 숫자가 2인 수는 5×5=25이므로 ■=5입니다.
따라서 ★×5=45, ★=9이므로
■+★=5+9=14입니다.

16 가 문구점 : 4×7=28(개)이므로
28-27=1(개)가 남습니다.
나 문구점 : 8×4=32(개)이므로
32-27=5(개)가 남습니다.
다 문구점 : 5×6=30(개)이므로
30-27=3(개)가 남습니다.
따라서 가 문구점에서 사는 것이 남는 지우개가 가장 적습니다.

17 첫째 : 2×1=2(개),
둘째 : 3×2=6(개),
셋째 : 4×3=12(개),
넷째 : 5×4=20(개),
다섯째 : 6×5=30(개),
여섯째 : 7×6=42(개),
일곱째 : 8×7=56(개)
따라서 일곱째에는 56개의 바둑돌을 놓습니다.

18 준기가 올라간 계단의 수 :
(4×4)+(0×3)-(2×3)=16+0-6=10(칸)
민영이는 3번 이기고, 3번 비기고 4번 졌으므로 민영이가 올라간 계단의 수 :
(4×3)+(0×3)-(2×4)=12+0-8=4(칸)
따라서 준기가 10-4=6(칸) 더 위에 있습니다.

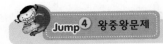

1	3개		
2	7점 : 2번, 4점 : 1번		
3	2개		
4	예진 : 0, 민기 : 3, 다영 : 4, 지후 : 7		
5	39	6	풀이 참조
7	예 4, 9, 5	8	15
9	63	10	21
11	11	12	23개
13	48	14	47
15	2가지	16	45개
17	10개	18	6개

1

5명이 앉는 의자 수(개)	1	2	3	4
앉는 사람 수(명)	5	10	15	20
3명이 앉는 의자 수(개)	6	5	4	3
앉는 사람 수(명)	18	15	12	9
앉는 전체 사람 수(명)	23	25	27	29

2

점수	0점	1점	4점	7점
맞힌 횟수(번)	6	4	5	2

용희가 지금까지 얻은 점수는
0+4+20+14=38(점)이고 56점을 얻으려면 56-38=18(점)을 더 얻어야 합니다.
따라서 남은 화살이 3개이므로
(2×7)+4=18(점)을 얻기 위해서는 7점에 2번, 4점에 1번 맞혀야 합니다.

3 ■는 0과 10 사이의 수이므로 ■×9>28에서 ■가 될 수 있는 수는 4, 5, 6, 7, 8, 9입니다.
■×5<30이므로 ■가 될 수 있는 수는 1, 2, 3, 4, 5입니다.
따라서 세 조건을 모두 만족시키는 수는 4와 5로 모두 2개입니다.

4 (민기)×(다영)=12이므로 민기와 다영이가 가지고 있는 숫자 카드는 2와 6 또는 3과 4입니다.
(민기)×(지후)=21이므로 민기와 지후가 가지고 있는 숫자 카드는 3과 7입니다.
따라서 민기는 3, 다영이는 4, 지후는 7, 예진이는 0이 적힌 숫자 카드를 각각 가지고 있습니다.

5 ★×5=40, ★=8이므로 8×●=■입니다.

$8 \times ● = ■$, $♥ \times 6 = ■$에서 $8 \times ● = ♥ \times 6$이므로 곱셈구구를 이용하여 알아보면 $8 \times 3 = 24$, $4 \times 6 = 24$입니다.

따라서 $● = 3$, $♥ = 4$, $■ = 24$입니다.

➡ $★ + ● + ♥ + ■ = 8 + 3 + 4 + 24 = 39$

6

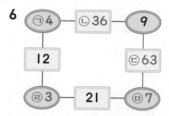

$② \times ⑩ = 21$이 되는 두 수는 3과 7입니다.
$③ \times ② = 12$가 되어야 하므로 $② = 3$이고,
$③ = 4$입니다.
그러므로 $⑩ = 7$입니다.
$9 \times 7 = ⓒ$이므로 $ⓒ = 63$, $4 \times 9 = ⓛ$이므로
$ⓛ = 36$입니다.

7 이미 사용된 1, 2, 7을 제외한 나머지 카드는 0, 3, 4, 5, 6, 8, 9이므로 이 중 2장을 뽑아
$\boxed{} \times \boxed{}$의 일의 자리가 6이 되는 경우는
$\boxed{4} \times \boxed{9} = 36$, 또는 $\boxed{9} \times \boxed{4} = 36$입니다.
따라서 $4 \times 9 = 57 - 21$ 또는 $9 \times 4 = 57 - 21$
입니다.

8 어떤 수를 $\boxed{}$라고 하면 $\boxed{} \times 6 < 40$이므로
$\boxed{}$에 알맞은 수는 0, 1, 2, 3, 4, 5, 6입니다.
$(\boxed{} \times 5) + 5 > 20$ ➡ $\boxed{} \times 5 > 15$이므로
$\boxed{}$에 알맞은 수는 4, 5, 6, 7, 8, 9입니다.
어떤 수 $\boxed{}$는 4, 5, 6이므로
$4 + 5 + 6 = 15$입니다.

9 가로줄과 세로줄에 놓인 세 수의 합을 먼저 알아 봅니다.
$8 + 1 + 6 = 15$, $8 + 3 + 4 = 15$,
$6 + 9 + 2 = 17$, $4 + 7 + 2 = 13$
합이 17인 세로줄에서 2를 줄이고 합이 13인 가로줄에서 2를 늘이면 세 수의 합은 모두 15가 되므로 7과 9의 자리를 바꿔야 합니다.
$4 + 9 + 2 = 15$, $6 + 7 + 2 = 15$가 되어 세 수의 합이 모두 15가 되었으므로 바꾼 두 수의 곱은
$7 \times 9 = 63$입니다.

10 $③ \times ⓛ = 12$, $ⓛ \times ⓒ = 36$이 될 수 있는 한 자리 수 $③$, $ⓛ$, $ⓒ$의 경우는 다음과 같습니다.

③	ⓛ	ⓒ
3	4	9
2	6	6

그런데 $ⓒ$과 $②$의 곱이 45가 될 수 있는 경우는
$ⓒ = 9$, $② = 5$이므로 구하려고 하는 네 자리 수는 3495입니다.

➡ $③ + ⓛ + ⓒ + ② = 3 + 4 + 9 + 5 = 21$

11 차가 3인 두 수는 (3, 0), (4, 1), (5, 2), (6, 3), (7, 4), (8, 5), (9, 6)입니다. 이 중 두 수의 곱이 28이 되는 두 수는 $7 \times 4 = 28$이므로
$■ = 7$, $▲ = 4$입니다.

➡ $■ + ▲ = 7 + 4 = 11$

12 사과의 수는 8단 곱셈구구의 곱보다 7만큼 더 큰 수이고, 40보다 작아야 합니다.
$8 \times 0 + 7 = 7$, $8 \times 1 + 7 = 15$,
$8 \times 2 + 7 = 23$, $8 \times 3 + 7 = 31$,
$8 \times 4 + 7 = 39$
7, 15, 23, 31, 39 중 6단 곱셈구구의 곱보다 5만큼 더 큰 수는 $6 \times 3 + 5 = 23$입니다.
23은 4단 곱셈구구의 곱보다 3만큼 더 큰 수
$(4 \times 5 + 3 = 23)$이므로 구하려고 하는 사과의 수는 23개입니다.

13 〈보기〉에서 규칙을 알아보면 다음과 같습니다.

$③ + ⓛ = ⓒ$, $② \times ⓛ = ⑩$

$③ + 7 = 13$에서 $③ = 6$이고 $ⓛ \times 7 = 56$에서
$ⓛ = 8$이므로 $③ \times ⓛ = 6 \times 8 = 48$입니다.

14 • 5단 곱셈구구의 곱은 연속된 수에서 5개마다 1개씩 있으므로 유승이가 쓸 수 있는 수는 5개 마다 4개씩 있습니다.
1, 2, 3, 4, ~~5~~, 6, 7, 8, 9, ~~10~~, ……, 21, 22, 23, 24, ~~25~~ ……
이 중에서 5, 10, 15, 20을 제외하면 유승이가 20번째로 쓴 수는 24입니다.

• 7단 곱셈구구의 곱은 연속된 수에서 7개마다 1개씩 있으므로 수빈이가 쓸 수 있는 수는 7개 마다 6개씩 있습니다.
1, 2, 3, 4, 5, 6, ~~7~~, ……, ~~21~~, 22, 23 ……
이 중에서 7, 14, 21을 제외하면 수빈이가

20번째로 쓴 수는 **23**입니다.

➡ ㉠+㉡=**24**+**23**=**47**

15 유승이가 가져간 수 카드 **3**장의 수의 합을 ☐라 고 하면 수빈이가 가져간 수 카드 **7**장의 수의 합 은 ☐×**8**입니다.

0부터 **9**까지의 수의 합은 유승이와 수빈이가 가 져간 수 카드의 수의 합이므로

☐+☐×**8**=☐×**9**라고 할 수 있고

0+**1**+**2**+…+**8**+**9**=**45**이므로

☐×**9**=**45**에서 ☐=**5**입니다.

따라서 유승이가 가져간 **3**장의 수의 합이 **5**가 되 는 경우는 (**0**, **1**, **4**), (**0**, **2**, **3**)으로 **2**가지입니다.

16 (못 **6**개의 길이)=(클립 **18**개의 길이)

⬇

(못 **3**개의 길이)=(클립 **9**개의 길이)

못 **15**개의 길이는 못 **3**개의 길이가 **5**번 있는 것 과 같으므로 **9**×**5**=**45**에서 못 **15**개의 길이는 클립 **45**개의 길이와 같습니다.

17 • 두 수의 합을 이용하여 만든 수 : **1**, **2**, **3**, **4**, **5**, **6**, **7**

• 두 수의 곱을 이용하여 만든 수 : **0**, **2**, **3**, **4**, **6**, **8**, **12**

➡ 만들 수 있는 서로 다른 수 : **0**, **1**, **2**, **3**, **4**, **5**, **6**, **7**, **8**, **12** (**10**개)

18 마지막 계산 결과가 **5**가 되는 곱셈은 **1**×**5**, **5**×**1**에서 **15**, **51**로 **2**개입니다.

그 중에서 **15**는 **3**×**5**, **5**×**3**에서 **35**, **53**도 각 자리의 숫자를 곱하는 것을 반복하면 **5**가 됩니다.

그중 **35**는 **5**×**7**, **7**×**5**에서 **57**, **75**도 계속 반복하면 **5**가 됩니다.

따라서 구하려고 하는 몇십몇은 **15**, **51**, **35**, **53**, **57**, **75**로 모두 **6**개입니다.

Jump 5 영재교육원 입시대비문제   54쪽

| **1** 1마리 | **2** 4년 후 |

1 돼지와 오리의 수를 각각 예상해 봅니다.

㉠ 돼지가 **8**마리이면 오리는 **9**마리이고 다리의 수는 (**8**×**4**)+(**9**×**2**)=**32**+**18**=**50**(개)입니다.

㉡ 돼지가 **9**마리이면 오리는 **8**마리이고 다리의 수는 (**9**×**4**)+(**8**×**2**)=**36**+**16**=**52**(개)입니다.

따라서 돼지는 **9**마리, 오리는 **8**마리이므로 돼지 는 오리보다 **1**마리 더 많습니다.

> **✳ 다른** 풀이
>
> **17**마리가 모두 오리라고 생각하면 다리의 수 는 모두 **17**+**17**=**34**(개)입니다.
>
> 그런데 돼지가 몇 마리가 있어 다리의 수가 **52**−**34**=**18**(개) 늘어났고, 오리 → 돼지로 되려면 다리의 수가 **2**개씩 늘어나므로 오리 → 돼지가 된 돼지의 수는 **2**×**9**=**18**에서 **9**마리 입니다.
>
> 따라서 오리의 수는 **17**−**9**=**8**(마리)이므로 돼지는 오리보다 **9**−**8**=**1**(마리) 더 많습니다.

2 표를 만들어 나타내면 다음과 같습니다.

	1년 후	2년 후	3년 후	4년 후	5년 후	6년 후
석기의 나이(살)	15	16	17	18	19	20
동생의 나이(살)	3	4	5	6	7	8

6×**3**=**18**이므로 석기의 나이가 동생의 나이의 **3**배가 되는 때는 **4**년 후입니다.

3 길이 재기

Jump 1 핵심알기

56쪽

1 6, 400, 300, 3, 3, 17
2 예 120 cm, 1 m 20 cm,
　예 210 cm, 2 m 10 cm
3 1 m 32 cm　　　　4 156 cm

3 132 cm＝100 cm+32 cm
　　　　＝1 m+32 cm＝1 m 32 cm
따라서 막대의 길이는 1 m 32 cm입니다.

4 1 m 56 cm＝1 m+56 cm
　　　　　＝100 cm+56 cm＝156 cm
따라서 사용한 색 테이프의 길이는 156 cm입니다.

Jump 2 핵심응용하기

57쪽

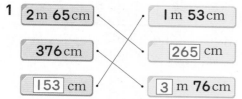

핵심 응용　풀이 1, 25, 100, 25, 125, 125,
　　　　　　　＜, 웅이

　　　　　답　웅이

확인　1 풀이 참조　　2 (1) ＜　(2) ＞
　　　3 ㉠, ㉣, ㉡, ㉢

1

2 m 65 cm	1 m 53 cm
376 cm	265 cm
153 cm	3 m 76 cm

2 m 65 cm＝2 m+65 cm
　　　　＝200 cm+65 cm＝265 cm
376 cm＝300 cm+76 cm
　　　＝3 m+76 cm＝3 m 76 cm
1 m 53 cm＝1 m+53 cm
　　　　＝100 cm+53 cm＝153 cm

2 (1) 100 cm＝1 m이고 632 cm＝6 m 32 cm
　　이므로 6 m 32 cm＜6 m 43 cm입니다.
　(2) 100 cm＝1 m이고 817 cm＝8 m 17 cm

이므로 8 m 17 cm＞8 m 9 cm입니다.

3 ㉠ 5 m 80 cm＝580 cm ㉡ 498 cm
　㉢ 4 m 71 cm＝471 cm ㉣ 549 cm
따라서 길이가 가장 긴 것부터 차례대로 쓰면 ㉠,
㉣, ㉡, ㉢입니다.

참고 단위를 같게 하면 길이를 비교하기가 쉽습니다.

Jump 1 핵심알기

58쪽

1 7, 89　　　　　　2 5 m 90 cm
3 2 m 81 cm　　　　4 2 m 66 cm

1　　4 m 26 cm
　＋3 m 63 cm
　　7 m 89 cm

2　　2 m 40 cm
　＋3 m 50 cm
　　5 m 90 cm

3　　1 m 27 cm
　＋1 m 54 cm
　　2 m 81 cm

4 100 cm＝1 m이므로
126 cm＝1 m 26 cm입니다.
　　1 m 40 cm
　＋1 m 26 cm
　　2 m 66 cm

Jump 2 핵심응용하기

59쪽

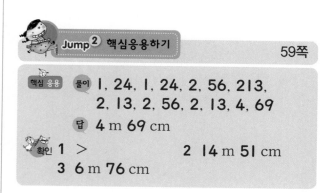

핵심 응용　풀이 1, 24, 1, 24, 2, 56, 213,
　　　　　　　2, 13, 2, 56, 2, 13, 4, 69

　　　　　답　4 m 69 cm

확인　1 ＞　　　　　2 14 m 51 cm
　　　3 6 m 76 cm

1 5 m+135 cm＝5 m+1 m 35 cm
　　　　　　＝6 m 35cm
319 cm+2 m 45 cm＝3 m 19 cm+2 m 45 cm
　　　　　　　　＝5 m 64 cm

➡ 6 m 35 cm > 5 m 64 cm

2 100 cm = 1 m이므로 713 cm = 7 m 13 cm
입니다.
(느티나무의 높이) = 7 m 13 cm + 25 cm
= 7 m 38 cm
따라서 소나무와 느티나무의 높이의 합은
7 m 13 cm + 7 m 38 cm = 14 m 51 cm입
니다.

3 100 cm = 1 m이고 367 cm = 3 m 67 cm이
므로 가장 긴 길이는 ㉠ 367 cm이고, 가장 짧은
길이는 ㉢ 3 m 9 cm입니다.
따라서 가장 긴 길이와 가장 짧은 길이의 합은
3 m 67 cm + 3 m 9 cm = 6 m 76 cm입니다.

1 100 cm = 1 m이므로 미술 시간에 사용하고 남은
철사의 길이는 249 cm = 2 m 49 cm입니다.
미술 시간에 사용한 철사의 길이는
4 m 78 cm − 2 m 49 cm = 2 m 29 cm이므
로 229 cm입니다.

2 길이가 1 m 30 cm인 색 테이프 3장의 길이는
1 m 30 cm + 1 m 30 cm + 1 m 30 cm
= 3 m 90 cm입니다.
6 cm씩 2군데가 겹치므로 겹친 부분의 길이는
6 cm + 6 cm = 12 cm입니다.
따라서 이어 붙인 색 테이프의 길이는
3 m 90 cm − 12 cm = 3 m 78 cm입니다.

 Jump① 핵심알기　　　　　　　　60쪽

1 3, 12　　　　　2 3 m 25 cm
3 17 cm　　　　　4 1 m 5 cm

1　　5 m 39 cm
　　− 2 m 27 cm
　──────────
　　　3 m 12 cm

2　　7 m 35 cm
　　− 4 m 10 cm
　──────────
　　　3 m 25 cm

3　　1 m 46 cm
　　− 1 m 29 cm
　──────────
　　　　17 cm

4 100 cm = 1 m이므로
438 cm = 4 m 38 cm입니다.
　　5 m 43 cm
　　− 4 m 38 cm
　──────────
　　　1 m　5 cm

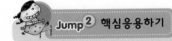 **Jump② 핵심응용하기**　　　　　　61쪽

핵심 응용　풀이 274, 256, 465, 2, 56, 100,
　　　　　　4, 65, 4, 65, 2, 56, 2, 9
　　　　답 2 m 9 cm
확인 1 229 cm　　　2 3 m 78 cm

 **Jump① 핵심알기**　　　　　　　62쪽

1 양팔　　　　　2 ㉠, ㉣
3 약 9 m

1 길이가 가장 긴 양팔로 재면 가장 적은 횟수로 잴
수 있습니다.

2 한 걸음의 길이를 단위로 하여 나타낼 수 있는 것
은 ㉠, ㉣입니다.

3 2 × 9 = 18이므로 2걸음씩 9번입니다. 따라서
약 9 m입니다.

Jump② 핵심응용하기　　　　　　63쪽

핵심 응용　풀이 120, 120, 240, 2, 40,
　　　　　　130, 130, 130, 390, 3, 90,
　　　　　　3, 90, 2, 40, 1, 50
　　　　답 한초, 1 m 50 cm
확인 1 135 cm　　　2 5 m 20 cm
　　3 약 48 m

1 가영이의 3걸음의 길이는
45 + 45 + 45 = 135(cm)이므로 가영이의 키는
135 cm입니다.

2 웅이가 어림한 길이 :
5 m 50 cm+20 cm=5 m 70 cm
실제 축구 골대의 길이 :
5 m 70 cm−50 cm=5 m 20 cm

3 한 걸음의 길이가 약 60 cm이므로 10걸음의 길이는 약 6 m입니다.
따라서 80걸음의 길이는 약 6×8=48(m)입니다.

Jump **3** 왕문제   64~69쪽

1 4 m 80 cm	**2** 20 m 3 cm
3 84 m 91 cm	**4** 13 m 30 cm
5 2 m 10 cm	**6** 24 m 10 cm
7 8 cm	**8** 4 m 27 cm
9 3 m 99 cm	**10** 4걸음
11 4 m 93 cm	**12** 나, 16 m
13 2 cm	**14** 4번
15 147 m	**16** 6 m 23 cm
17 72 cm	
18 정화, 태수, 혜수, 도윤, 은희	

1 눈금 한 칸은 20 cm를 나타냅니다.
따라서 나무 막대의 길이는
40 cm+4 m+40 cm=4 m 80 cm입니다.

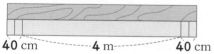
40 cm ── 4 m ── 40 cm

2 (한별이가 공을 던진 거리)
=19 m 46 cm+75 cm=19 m 121 cm
100 cm=1 m이므로
19 m 121 cm=20 m 21 cm입니다.
따라서 용희가 공을 던진 거리는
20 m 21 cm−18 cm=20 m 3 cm입니다.

✲다른 풀이

용희는 상연이보다 공을 75−18=57(cm) 더 멀리 던졌습니다.
따라서 용희가 공을 던진 거리는

19 m 46 cm+57 cm=19 m 103 cm
=20 m 3 cm입니다.

3 가영이네 집에서 문구점을 거쳐 학교까지 가는 거리는 가영이네 집에서 ㉠을 거쳐 학교까지 가는 거리와 같습니다.

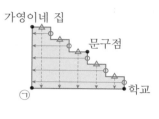

➡ 35 m 28 cm+49 m 63 cm=84 m 91 cm

4 9 m 50 cm+3 m 80 cm=12 m 130 cm
=13 m 30 cm

5 (상자를 묶은 색 테이프의 길이)
=45 cm+45 cm+30 cm+30 cm+25 cm
+25 cm+25 cm+25 cm+30 cm
=280 cm=2 m 80 cm
따라서 상자를 묶고 남은 색 테이프의 길이는
4 m 90 cm−2 m 80 cm=2 m 10 cm입니다.

6 (㉠에서 ㉡까지의 거리)
=16 m 90 cm−12 m 50 cm=4 m 40 cm
따라서 ㉠에서 ㉣까지의 거리는
4 m 40 cm+19 m 70 cm
=23 m 110 cm=24 m 10 cm입니다.

7 소라의 키 :
3 m 97 cm−261 cm=3 m 97 cm−2 m 61 cm
=1 m 36 cm,
은우의 키 : 1 m 36 cm+2 cm=1 m 38 cm,
수경이의 키 : 1 m 38 cm+2 cm=1 m 40 cm,
태주의 키 : 1 m 40 cm+4 cm=1 m 44 cm
키가 가장 큰 사람은 태주이고, 키가 가장 작은 사람은 소라이므로 두 사람의 키의 차는
1 m 44 cm−1 m 36 cm=8 cm입니다.

✲다른 풀이

은우가 소라보다 2 cm 더 크고, 수경이가 은우보다 2 cm 더 크고, 태주가 수경이보다 4 cm 더 큽니다. 키가 가장 큰 사람은 태주이고 키가 가장 작은 사람인 소라보다
2+2+4=8(cm) 더 큽니다. 따라서 두 사람의 키의 차는 8 cm입니다.

8 (변 ㄴㄷ의 길이)＝l m 20 cm＋40 cm
         ＝l m 60 cm
(세 변의 길이의 합)
＝l m 20 cm＋l m 60 cm＋l m 47 cm
＝2 m 80 cm＋l m 47 cm
＝3 m l27 cm＝4 m 27 cm

9 (둥근 기둥 모양을 3번 감는 데 필요한 끈의 길이)
＝l m 27 cm＋l m 27 cm＋l m 27 cm
＝3 m 8l cm
매듭의 길이가 l8 cm이므로 3번 감아 묶는 데
필요한 끈의 길이는
3 m 8l cm＋l8 cm＝3 m 99 cm입니다.

10 교실 창문의 긴 쪽의 길이는
40＋40＋40＝l20(cm)입니다.
신영이의 l걸음은 30 cm이고
30＋30＋30＋30＝l20(cm)입니다.
따라서 교실 창문의 긴 쪽의 길이는 신영이의 걸
음으로 4걸음입니다.

11 79 cm＋3l7 cm＝79 cm＋3 m l7 cm
               ＝3 m 96 cm
㉮＝3 m 96 cm－24l cm
  ＝3 m 96 cm－2 m 4l cm
  ＝l m 55 cm
㉯＝3 m 96 cm－58 cm＝3 m 38 cm
㉮＋㉯＝l m 55 cm＋3 m 38 cm＝4 m 93 cm

12 가 길 : (3×5)＋(4×9)＝l5＋36＝5l(m)
나 길 : (3×5)＋(4×5)＝l5＋20＝35(m)
따라서 나 길로 가는 것이
5l m－35 m＝l6 m 더 짧습니다.

13 잇기 전 테이프 5장의 길이의 합은
6＋6＋6＋6＋6＝30(cm)이고, 이었을 때 테
이프 전체의 길이는 22 cm이므로 겹쳐진 부분
의 길이는 모두 30－22＝8(cm)입니다.
겹쳐진 부분은 4군데이고, 8＝2＋2＋2＋2이
므로 겹쳐진 부분 하나의 길이는 2 cm입니다.

14 책상의 가로는
6＋6＋6＋6＋6＋6＋6＋6＋6＋6＋6＋6
＝72(cm)입니다.
72－l8－l8－l8－l8＝0이므로 길이가
l8 cm인 색연필로 4번 잰 길이와 같습니다.

15 오른쪽 그림과
같이 가로등이
8개일 때 가로
등과 가로등 사이의 간격은 7군데입니다.
따라서 처음 가로등에서 마지막 가로등까지의 거
리는
2l＋2l＋2l＋2l＋2l＋2l＋2l＝l47(m)
입니다.

16 (겹치지 않게 이어 붙인 테이프의 길이)
＝l m l3 cm＋l m l3 cm＋2 m 28 cm
                          ＋2 m 28 cm
＝6 m 82 cm
(겹친 부분의 길이)＝20 cm＋l6 cm＋23 cm
               ＝59 cm
따라서 이어 붙인 테이프 전체의 길이는
6 m 82 cm－59 cm＝6 m 23 cm입니다.

17 한 변에 놓이는 삼각형이 l개, 2개, 3개, ……로
늘어나는 규칙입니다.
여덟째 모양의 한 변에 놓이는 삼각형은 8개이고
한 변의 길이는 3×8＝24(cm)입니다.
따라서 여덟째 모양의 둘레는
24＋24＋24＝72(cm)입니다.

18 7 m＝700 cm이므로 실제 길이의 차는 다음과
같습니다. 도윤 : 7 m－6 m 40 cm＝60 cm,
정화 : 7 m－6 m 84 cm＝l6 cm,
태수 : 7 m 32 cm－7 m＝32 cm,
은희 : 7 m－6 m l8 cm＝82 cm,
혜수 : 7 m 5l cm－7 m＝5l cm
따라서 실제 거리와 어림한 거리의 차가 작은 사
람부터 차례대로 쓰면 정화, 태수, 혜수, 도윤, 은
희입니다.

 Jump⁴ 왕중왕문제

70~75쪽

1 **9**가지	2 **8**일
3 **30** cm	4 **1** m **10** cm
5 **2** m **96** cm	6 **158** m
7 **107** cm	8 **1** m **20** cm
9 **12** cm	
10 **1** m **40** cm, **1** m **10** cm	
11 라, 다, 나, 가	12 **25**장
13 **20** cm	14 **15**
15 **19** cm	16 **9**가지
17 **76** cm	18 **1** m **88** cm

1 한 개의 막대로 잴 수 있는 길이는 **1** cm, **3** cm, **5** cm입니다.
2개의 막대를 붙이거나 겹쳐서 잴 수 있는 길이는 **2** cm, **4** cm, **6** cm, **8** cm입니다.
3개의 막대를 붙이거나 겹쳐서 잴 수 있는 길이는 **7** cm, **9** cm입니다.
따라서 잴 수 있는 길이는 모두 **9**가지입니다.

2 달팽이가 낮에는 **30** cm 올라가고, 밤에는 **10** cm 내려갑니다.
첫째 날 낮에는 **30** cm 위 지점까지 올라갑니다. 밤이 지나고 둘째 날 아침에는 **20** cm 위 지점에 있고 낮에는 **20**+**30**=**50**(cm) 위 지점까지 올라갑니다. 밤이 지나고 셋째 날 아침에는 **40** cm 위 지점에 있고 낮에는 **20**+**20**+**30**=**70**(cm) 위 지점까지 올라갑니다.
20+**20**+**20**+**20**+**20**+**20**+**20**+**30** =**170**(cm)이므로 **1** m **60** cm 위를 지나는 데 **8**일이 걸립니다.

3 잴 수 있는 길이 중에서 ㉠을 제외한 **2**개의 철사로 잴 수 있는 길이는 **20** cm, **60** cm, **40** cm(**60** cm−**20** cm),
80 cm(**20** cm+**60** cm)이므로 ㉠의 길이를 이용하여 **10** cm, **30** cm, **50** cm, **90** cm 길이를 잴 수 있어야 합니다.
따라서 가장 긴 길이인 **90** cm를 재기 위해서 ㉠의 길이는 **30** cm이어야 합니다.

10	**30**−**20**	**50**	**20**+**30**
20	**20**	**60**	**60**
30	**30**	**80**	**60**+**20**
40	**60**−**20**	**90**	**60**+**30**

4 개미가 이동한 거리는 가로가 **30** cm, 세로가 **25** cm 인 사각형의 네 변의 길이의 합과 같습니다.
따라서 개미가 이동한 거리는
30 cm+**30** cm+**25** cm+**25** cm
=**110** cm=**1** m **10** cm입니다.

5 색종이 **7**장을 겹치지 않도록 이어 붙이면 가로는
20 cm+**20** cm+**20** cm+**20** cm+**20** cm
+**20** cm+**20** cm=**140** cm=**1** m **40** cm
입니다.
7장의 색종이를 이어 붙이면 겹치는 부분은 **6**군데이므로 겹치는 부분의 길이는 **12** cm입니다.
따라서 이어 붙인 모양의 가로는
1 m **40** cm−**12** cm=**1** m **28** cm입니다.

➡ **1** m **28** cm+**1** m **28** cm+**20** cm+**20** cm
=**2** m **96** cm

6 • 가로로 난 길 **4**개와 세로로 난 길 **3**개로 간 거리 :
(**30**+**24**+**40**+**32**)+(**18**+**16**+**30**)
=**190**(m)
• 가로로 난 길 **2**개와 비스듬히 난 길 **2**개와 세로로 난 길 **1**개로 간 거리 :
30+**30**+**16**+**50**+**32**=**158**(m)
따라서 가장 짧은 거리로 갈 때 **158** m를 가야 합니다.

7 • 전체의 길이 :
49 cm+**1** m **44** cm=**1** m **93** cm,
• 가 막대의 길이 :
1 m **93** cm−**35** cm−**16** cm=**1** m **42** cm
• 나 막대의 길이 :
1 m **93** cm−**1** m **62** cm−**21** cm=**10** cm,
• 다 막대의 길이 :
1 m **93** cm−**1** m **68** cm=**25** cm
나 막대와 다 막대의 길이의 합은
10 cm+**25** cm=**35** cm이므로 가 막대의 길이가
1 m **42** cm−**35** cm=**1** m **7** cm=**107** cm 더 깁니다.

8 (삼각형을 만드는 데 사용한 철사의 길이)
=2 m 30 cm+2 m 35 cm+3 m 15 cm
=7 m 80 cm
사각형의 두 가로 길이의 합이
2 m 70 cm+2 m 70 cm=4 m 140 cm
=5 m 40 cm이므로
㉠+㉠은 7m 80cm−5m 40cm=2m 40cm
입니다.
㉠+㉠=1 m 20 cm+1 m 20 cm이므로
㉠의 길이는 1 m 20 cm입니다.

9 예슬이가 뼘으로 잰 길이는 15 cm씩 7번이므로
105 cm=1 m 5 cm입니다.
동생이 뼘으로 잰 길이는
1 m 41 cm−1 m 5 cm=36 cm입니다.
36 cm=12 cm+12 cm+12 cm이므로 동생
의 한 뼘의 길이는 12 cm입니다.

10 2도막의 길이의 차가 30 cm이므로 긴 막대의
길이는 2 m 50 cm+30 cm=2 m 80 cm를
똑같이 2개로 자른 것과 같습니다.
2 m 80 cm=1 m 40 cm+1 m 40 cm이므로
긴 막대의 길이는 1 m 40 cm, 짧은 막대의 길
이는 1 m 40 cm−30 cm=1 m 10 cm입니다.

11 가
다
25 cm
라
3 cm
나
20 cm

12 1 m=100 cm이고
25 cm+25 cm+25 cm+25 cm=100 cm
이므로 큰 사각형의 한 변의 길이는 25 cm입
니다.
한 변의 길이가 5 cm인 사각형 모양의 카드를 가
로로 5장, 세로로 5장 만들 수 있으므로
5×5=25(장)까지 만들 수 있습니다.

13 (㉮에 사용한 끈의 길이)
=35+35+15+15+25+25+25
+25+45
=245(cm)
(㉯에 사용한 끈의 길이)
=35+35+25+25+15+15+15
+15+45

=225(cm)
따라서 ㉮에 사용한 끈의 길이가 ㉯ 끈의 길이보
다 245−225=20(cm) 더 깁니다.

14 ・유승 : 2 m 45 cm+2 m 45 cm
+2 m 45 cm+2 m 45 cm
=9 m 80 cm
・한솔 : 2 m 75 cm+2 m 75 cm+2 m 75 cm
=8 m 25 cm
유승이는 이어 붙인 곳이 3군데, 한솔이는 이어
붙인 곳이 2군데 있으므로
(9 m 80 cm−㉠×3)−(8 m 25 cm−㉠×2)
=1 m 40 cm
155 cm−㉠ cm=140 cm, ㉠=15

다른 풀이
겹쳐지지 않았을 때의 전체 색 테이프의 길이
의 차는 980 cm−825 cm=155 cm였는
데 겹쳐지도록 이어 붙였을 때의 길이의 차는
140 cm가 되었습니다.
155 cm−140 cm=15cm에서 15 cm가
더 줄어든 이유는 유승이의 색 테이프가 3군데
겹쳐지고 한솔이의 색 테이프가 2군데 겹쳐져
서 유승이의 색 테이프가 한 번 더 겹쳐졌기 때
문입니다. 따라서 겹쳐진 부분 ㉠의 길이는
15 cm입니다.

15 한솔이의 키 : 172−46=126(cm),
은지의 키 : 126+5=131(cm),
형석이의 키 : 131+7=138(cm),
예나의 키 : 138+7=145(cm),
수빈이의 키 : 145−8=137(cm),
유승이의 키 : 137+6=143(cm)
따라서 키가 가장 큰 사람과 키가 가장 작은 사람
의 키의 차는 145−126=19(cm)입니다.

16 나무 막대를 각각 사용해서 나타낼 수 있는 길이는
・1개를 사용할 때 : 12 cm, 18 cm, 30 cm
➡ 3가지
・2개를 사용할 때 : 18−12=6(cm),
12+30=42(cm), 18+30=48(cm)
➡ 3가지
・3개를 사용할 때 : 12+30−18=24(cm),
18+30−12=36(cm),

$$12+18+30=60(cm) \Rightarrow 3가지$$
$$\Rightarrow 3+3+3=9(가지)$$

17 작은 상자의 짧은 쪽의 길이를 $\triangle$ cm, 긴 쪽의 길이를 $\square$ cm라고 하면

㉮에서 ㉠$=70+\square-\triangle$이고

㉯에서 ㉠$=82-\square+\triangle$입니다.

$$㉠+㉠=70+\square-\triangle+82-\square+\triangle$$
$$=70+82=152$$

따라서 ㉠$=76$입니다.

❋ 다른 풀이

그림과 같이 두 상자를 겹쳐 봅니다.

따라서 구하는 상자의 높이는 152 cm의 절반인 76 cm입니다.

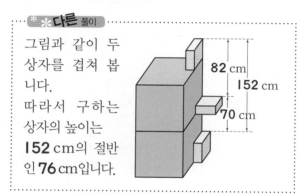

18 • ㉠$=$㉡$+16$이므로 ㉡$+$㉡$+16=128$이고 ㉡$+$㉡$=112$에서 ㉡$=56$(cm)입니다.

• ㉢$+16=$㉡이므로 ㉢$+16=56$이고 ㉢$=56-16=40$(cm)입니다.

• 라의 길이를 $\square$ cm라 하면

(가의 길이)$=\square+40+128=\square+168$

(나의 길이)$=\square+40+56=\square+96$

(다의 길이)$=\square+40$

따라서

$\square+168+\square+96+\square+40+\square=384$이므로 $\square\times4+304=384$, $\square\times4=80$, $\square=20$입니다.

따라서 막대 가의 길이는

$20+40+128=188$(cm)로 1 m 88 cm입니다.

Jump ⑤ 영재교육원 입시대비문제 76쪽

1 22 cm	**2** 48 cm

1 리본에서 접힌 부분을 펼치면 그 길이는 2 cm입니다.

길이를 알 수 있는 부분과 접힌 부분의 길이를 모두 더하면 리본의 길이는

$$4+2+2+2+2+2$$
$$+4+2+2=22(cm)입니다.$$

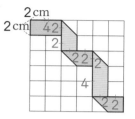

2 점선을 따라 자르면 다음과 같이 6개의 변의 길이가 같은 도형이 완성됩니다.

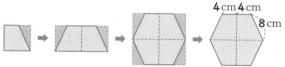

8 cm인 선분이 6개이므로 둘레는 $8\times6=48$(cm)입니다.

4 시각과 시간

1 (1) **9**시 **7**분   (2) **3**시 **55**분
2 풀이 참조   **3**

2 (1) (2)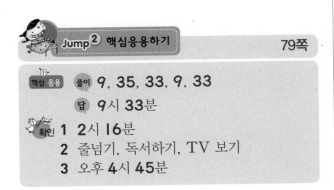

핵심 응용   풀이   **9, 35, 33, 9, 33**
      답   **9**시 **33**분
확인   **1**   **2**시 **16**분
      2   줄넘기, 독서하기, TV 보기
      3   오후 **4**시 **45**분

1 시계의 긴바늘이 작은 눈금 **1**칸을 움직이면 **1**분
이 지난 것이므로 **19**칸을 움직이면 **19**분이 지난
것입니다. 따라서 **1**시 **57**분에서 **19**분 더 지나면
2시 **16**분입니다.

3
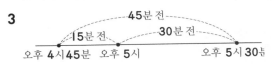

1 (1) **3, 10**   (2) **4, 15**   (3) **4, 55**   (4) **6, 52**
2 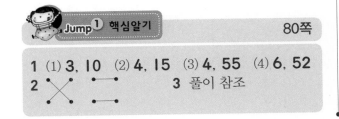   **3** 풀이 참조

3 (1)    (2)

1 짧은바늘이 **4**와 **5** 사이를 가리키므로 **4**시이고
긴바늘이 **9**에서 작은 눈금 **2**칸을 더 간 곳을 가
리키므로 **47**분입니다.
따라서 이 시계가 나타내는 시각은 **4**시 **47**분 또
는 **5**시 **13**분 전입니다.

2 시계가 가리키는 시각은 **11**시 **15**분입니다.

11시 **15**분 ──1시간 전──▶ **10**시 **15**분 ──1시간 전──▶ **9**시 **15**분
──1시간 전──▶ **8**시 **15**분 ──20분 전──▶ **7**시 **55**분
따라서 **11**시 **15**분에서 **3**시간 **20**분 전의 시각은
7시 **55**분입니다.

핵심 응용   풀이   **4, 4, 3, 50, 4, 5**, 수빈
      답   수빈
확인   **1**   **4**시 **47**분, **5**시 **13**분 전
      2   **7**시 **55**분

1 **1**시간 **27**분   **2** **1**시간 **25**분
3 **3**시 **15**분 전

1 그림 그리기를 시작한 시각 : **3**시,
그림 그리기를 마친 시각 : **4**시 **27**분
3시 ──1시간 후──▶ **4**시 ──27분 후──▶ **4**시 **27**분
따라서 동민이가 그림을 그리는 데 걸린 시간은
1시간 **27**분입니다.

2 숙제를 시작한 시각 : **5**시 **15**분,
숙제를 마친 시각 : **6**시 **40**분

5시 **15**분 $\xrightarrow{\text{1시간 후}}$ **6**시 **15**분 $\xrightarrow{\text{25분 후}}$ **6**시 **40**분
따라서 가영이가 숙제를 하는 데 걸린 시간은
1시간 **25**분입니다.

3 **2**시 **10**분에서 **35**분이 지나면 **2**시 **45**분입니다.
2시 **45**분에서 **3**시가 되려면 작은 눈금 **15**칸을
더 가야 합니다.
따라서 **2**시 **45**분은 **3**시 **15**분 전입니다.

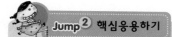 **Jump 2 핵심응용하기** 83쪽

핵심 응용 풀이 **50**, **1**, **50**, **40**, **1**, **40**
답 **1**시간 **40**분

확인 **1** **1**시간 **20**분   **2** **7**시 **50**분
3 풀이 참조, **2**시간 **30**분

1 책 읽기를 시작한 시각 : **3**시 **35**분,
책 읽기를 마친 시각 : **4**시 **55**분

3시 **35**분 $\xrightarrow{\text{1시간 후}}$ **4**시 **35**분 $\xrightarrow{\text{20분 후}}$ **4**시 **55**분
따라서 한별이가 책을 읽는 데 걸린 시간은
1시간 **20**분입니다.

2 공부를 한 시간 : **2**시간 **30**분

5시 **20**분 $\xrightarrow{\text{1시간 후}}$ **6**시 **20**분 $\xrightarrow{\text{1시간 후}}$ **7**시 **20**분
$\xrightarrow{\text{30분 후}}$ **7**시 **50**분

따라서 영수가 공부를 마친 시각은 **7**시 **50**분입니다.

3 **30**분씩 **5**가지 직업 체험을
하는 데 걸린 시간은 **2**시간
30분입니다.

1시 **30**분 $\xrightarrow{\text{2시간 30분 후}}$ **4**시

 **Jump 1 핵심알기** 84쪽

1 **24**시간   **2** **48**시간
3 **6**바퀴   **4** **8**시간
5 (1) **1**, **3**   (2) **51**

1 하루는 **24**시간입니다.

2 하루는 **24**시간이므로 **2**일은
24+**24**=**48**(시간)입니다.

3 짧은바늘은 하루에 **2**바퀴 돕니다.
따라서 짧은바늘은 **3**일 동안 **2**+**2**+**2**=**6**(바퀴)
돕니다.

4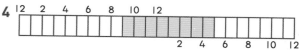

오전 **9**시부터 낮 **12**시까지는 **3**시간이고, 낮 **12**
시부터 오후 **5**시까지는 **5**시간이므로
3+**5**=**8**(시간)입니다.

5 (1) **27**시간=**24**시간+**3**시간=**1**일 **3**시간
(2) **2**일 **3**시간=**24**시간+**24**시간+**3**시간
=**51**시간

 **Jump 2 핵심응용하기** 85쪽

핵심 응용 풀이 **2**, **2**, **3**, **2**, **24**, **24**, **53**, **53**
답 **53**시간

확인 **1** **26**시간   **2** **8**시간 **30**분
3 **52**시간

1 어제 오전 **9**시부터 오늘 오전 **9**시까지는 **24**시간
이고, 오늘 오전 **9**시부터 오전 **11**시까지는 **2**시간
이므로 **24**+**2**=**26**(시간)입니다.

2 오후 **10**시부터 밤 **12**시까지는 **2**시간이고, 밤
12시부터 오전 **6**시 **30**분까지는 **6**시간 **30**분이
므로 예슬이가 잠을 잔 시간은 **8**시간 **30**분입니다.

3 9월 13일 오후 3시 $\xrightarrow{24시간 후}$ 9월 14일 오후 3시
$\xrightarrow{24시간 후}$ 9월 15일 오후 3시
$\xrightarrow{4시간 후}$ 9월 15일 오후 7시
따라서 영수네 가족이 여행한 시간은 모두
24+24+4=52(시간)입니다.

Jump① 핵심알기   86쪽

1 29일	**2** 9일
3 (1) 24 (2) 2, 8	
4 1월, 3월, 5월, 7월, 8월, 10월, 12월	

1 (8일에서 3주일 후)=8+7+7+7=29(일)

2 24일에서 7일 전은 17일, 17일에서 7일 전은
10일이므로 24일에서 15일 전은 10일의 하루
전인 9일입니다.

3 (1) 2년=12개월+12개월=24개월
   (2) 32개월=24개월+8개월
         =12개월+12개월+8개월
         =2년 8개월

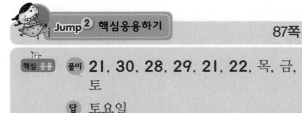

Jump② 핵심응용하기   87쪽

핵심 응용   **풀이** 21, 30, 28, 29, 21, 22, 목, 금, 토

      답 토요일

확인 **1** 7일, 14일, 21일, 28일

      2 화요일   **3** 19일

1 금요일에서 다음 금요일이 되려면 7일이 걸립니다.
7월은 31일까지 있는 달이고, 첫째 금요일이 7일
이므로 이달의 금요일인 날은 7일,
7+7=14(일), 14+7=21(일),
21+7=28(일)입니다.

2 7월은 31일까지 있습니다.
7월 8일이 토요일이므로 15일, 22일, 29일도
토요일이고 7월 31일은 월요일입니다.
8월 1일은 화요일이므로 1+7=8(일),
8+7=15(일)에서 8월 15일도 화요일입니다.

3 8월 1일이 화요일이므로 8월의 첫째 토요일은
8월 5일입니다.
5+7=12(일), 12+7=19(일)이므로 8월의
셋째 토요일은 19일입니다.

Jump③ 왕문제   88~93쪽

1 10시 28분	**2** 11시 21분
3 2시 20분	**4** 8시간 45분
5 11월 1일 오후 8시	**6** 4월 9일
7 10일 오전 5시	**8** 6월 8일 오후 10시
9 54	**10** 53시간
11 오전 11시 20분	**12** 31시간
13 7시 50분	**14** 22일
15 5년 6개월	**16** 85분
17 36일	**18** 일요일
19 7월 3일	**20** 15일
21 오후 8시 36분	**22** 오전 5시 20분
23 11월 9일	**24** 28일

1 짧은바늘이 2와 3 사이에 있으면 2시이고, 긴바
늘이 5에서 작은 눈금 3칸 더 간 곳을 가리키면
25+3=28(분)이므로 지금 시각은 2시 28분
입니다.
따라서 2시 28분에서 8시간 후의 시각은 10시
28분입니다.

2 1시간에 3분씩 빨라지므로 7시간에는 21분이 빨
라집니다.
따라서 7시간 후에 이 시계는 4시에서 7시간 21분
이 지난 11시 21분을 가리킵니다.

3 4시 10분 $\xrightarrow{20분 전}$ 3시 50분
$\xrightarrow{1시간 30분 전}$ 2시 20분

따라서 한별이가 공부를 시작한 시각은 **2**시 **20**분입니다.

4 오전 **9**시 **15**분 $\xrightarrow{\text{2시간 45분 후}}$ 낮 **12**시
$\xrightarrow{\text{6시간 후}}$ 오후 **6**시
따라서 시계가 멈춰 있었던 시간은 **8**시간 **45**분입니다.

5 **1**일=**24**시간이므로
60시간=**24**시간+**24**시간+**12**시간
　　　　=**1**일+**1**일+**12**시간
　　　　=**2**일 **12**시간입니다.
따라서 **10**월 **30**일에서 **2**일 후는 **11**월 **1**일이고, **11**월 **1**일 오전 **8**시에서 **12**시간 후는 **11**월 **1**일 오후 **8**시입니다.

6 **3**월의 첫째 일요일이 **6**일이므로 둘째 일요일은 **6**+**7**=**13**(일), 셋째 일요일은 **13**+**7**=**20**(일)입니다.
3월은 **31**일까지 있으므로 **3**월 **20**일에서 **3**월 **31**일까지는 **11**일 후입니다.
3월 **20**일 $\xrightarrow{\text{11일 후}}$ **3**월 **31**일 $\xrightarrow{\text{9일 후}}$ **4**월 **9**일
따라서 셋째 일요일에서 **20**일 후는 **4**월 **9**일입니다.

7 짧은바늘이 한 바퀴를 돌면 **12**시간이 지난 것이고, 반 바퀴를 돌면 **6**시간이 지난 것이므로 한 바퀴 반을 돌면 **12**+**6**=**18**(시간)이 지난 것입니다.
9일 오전 **11**시 $\xrightarrow{\text{12시간 후}}$ **9**일 오후 **11**시
$\xrightarrow{\text{6시간 후}}$ **10**일 오전 **5**시
따라서 **9**일 오전 **11**시에서 **18**시간 후는 **10**일 오전 **5**시입니다.

8 **80**시간=**24**시간+**24**시간+**24**시간+**8**시간
　　　　=**3**일 **8**시간
아버지께서는 출장을 가셔서 **3**일 **8**시간이 지난 후에 돌아오셨습니다.
따라서 아버지께서는 **6**월 **5**일 오후 **2**시에서 **3**일 **8**시간 후인 **6**월 **8**일 오후 **10**시에 돌아오셨습니다.

9 **5**월은 **31**일까지 있고, **1**일, **8**일, **15**일, **22**일, **29**일은 수요일이므로 **30**일은 목요일, **31**일은 금요일입니다.
6월 **1**일은 토요일이므로 **6**월의 첫째 월요일은

3일입니다.
6월은 **30**일까지 있으므로 **6**월 중 월요일인 날은 **3**일, **10**일, **17**일, **24**일입니다.
➡ **3**+**10**+**17**+**24**=**54**

10 **7**월 **15**일 오전 **11**시 $\xrightarrow{\text{24시간 후}}$ **7**월 **16**일 오전 **11**시
$\xrightarrow{\text{24시간 후}}$ **7**월 **17**일 오전 **11**시 $\xrightarrow{\text{1시간 후}}$ 낮 **12**시
$\xrightarrow{\text{4시간 후}}$ 오후 **4**시
따라서 영수가 외할머니 댁에 있었던 시간은 **24**+**24**+**1**+**4**=**53**(시간)입니다.

11

수업	**1**교시	**2**교시	**3**교시
시작하는 시각	**9**시	**9**시 **50**분	**10**시 **40**분
끝나는 시각	**9**시 **40**분	**10**시 **30**분	**11**시 **20**분

따라서 **3**교시가 끝나는 시각은 오전 **11**시 **20**분입니다.

12 어제 오전 **8**시 $\xrightarrow{\text{24시간 후}}$ 오늘 오전 **8**시
$\xrightarrow{\text{4시간 후}}$ 낮 **12**시 $\xrightarrow{\text{3시간 후}}$ 오후 **3**시
따라서 편지는 **24**+**4**+**3**=**31**(시간)만에 도착했습니다.

13 정류장까지 **15**분 동안 걸었고, 버스 출발 **5**분 전에 도착했으므로 버스 출발 **20**분 전에 집에서 나왔습니다.
따라서 집에서 나온 시각은 **8**시 **10**분에서 **20**분 전인 **7**시 **50**분입니다.

14 둘째 목요일과 셋째 목요일의 날짜의 차는 **7**일입니다.
둘째 목요일의 날짜를 □라고 하면
□+□+**7**=**23**, □+□=**16**, □=**8**입니다.
따라서 둘째 목요일은 **8**일이고, 셋째 목요일은 **15**일, 넷째 목요일은 **22**일입니다.

15 **23**개월=**12**개월+**11**개월=**1**년 **11**개월
1년 **11**개월+**3**년 **7**개월=**4**년 **18**개월=**5**년 **6**개월
따라서 규형이는 태어난 지 **5**년 **6**개월이 되었습니다.

16 수영을 시작한 시각은 오후 **2**시 **15**분 전인 **1**시 **45**분이고, 수영을 마친 시각은 오후 **3**시 **10**분입니다.
오후 **1**시 **45**분 $\xrightarrow{\text{1시간 후}}$ 오후 **2**시 **45**분

$\xrightarrow{\text{25분 후}}$ 오후 **3**시 **10**분

따라서 가영이가 수영을 하는 데 걸린 시간은
1시간 **25**분＝**1**시간＋**25**분＝**60**분＋**25**분
＝**85**분입니다.

17 **7**월 **27**일부터 **31**일까지는 **5**일, **8**월 **1**일부터
31일까지는 **31**일이므로 여름 방학은 모두
5＋**31**＝**36**(일)입니다.

18 **5**월 **6**일부터 **31**일까지는 **26**일, **6**월은 **30**일,
7월 **1**일부터 **17**일까지는 **17**일이므로 모두
26＋**30**＋**17**＝**73**(일)입니다.
73일은 **7**일씩 **10**번 같은 요일이 반복되고 **3**일
이 남으므로 **7**월 **17**일은 목요일에서 **3**일 후인
일요일입니다.

19 **6**월은 **30**일까지 있고, **3**주 **4**일은
7＋**7**＋**7**＋**4**＝**25**(일)입니다.

6월 **8**일 $\xrightarrow{\text{22일 후}}$ **6**월 **30**일 $\xrightarrow{\text{3일 후}}$ **7**월 **3**일
따라서 가영이의 생일은 **7**월 **3**일입니다.

20 **10**월은 **31**일까지 있고, **30**일이 목요일이므로
31일은 금요일, 그다음 달인 **11**월 **1**일은 토요일
입니다.
11월의 토요일은 **1**일, **8**일, **15**일, **22**일, **29**일이
므로 셋째 토요일은 **15**일입니다.

21 오늘 오전 **9**시에서 내일 오후 **9**시까지는 **1**일 **12**시
간입니다. 하루에 **16**분씩 늦어지므로 **12**시간 동
안 **8**분씩 늦어집니다.
따라서 **1**일 **12**시간 후에는 오후 **9**시에서
16＋**8**＝**24**(분) 늦어진 오후 **8**시 **36**분을 가리
킵니다.

22 **6**시 **35**분 $\xrightarrow[\text{(네 번째 기차}]{\text{25＋25＋25＝75(분 전)}}$ **5**시 **20**분
(네 번째 기차   (첫 번째 기차
출발 시각)   출발 시각)

23 **2**주일과 **6**일 후는 **7**＋**7**＋**6**＝**20**(일) 후입니다.
10월은 **31**일까지 있으므로 **10**월 **20**일에서 **20**
일 후는 **11**월 **9**일입니다.

24 **2**월의 날수는 **28**일 또는 **29**일입니다.
이 해의 **2**월이 **29**일이라면
2월 **1**일 ⟶ **2**월 **8**일 ⟶ **2**월 **15**일
(일요일)   (일요일)   (일요일)

⟶ **2**월 **22**일 ⟶ **2**월 **29**일
(일요일)   (일요일)
그런데 **3**월 **1**일이 일요일이므로 이 해의 **2**월은
28일까지 있습니다.

Jump ④ 왕중왕문제   **94~99**쪽

1 **115**분	2 **1**시 **50**분
3 **11**시와 **1**시	4 **7**대
5 오전 **8**시 **15**분	6 풀이 참조
7 **66**분	8 **6**시 **15**분
9 **12**시 **15**분	10 **11**시 **30**분
11 오후 **5**시 **42**분	12 **10**시
13 **120**분	14 **9**시간
15 **138**분	16 **12**시 **35**분
17 오후 **7**시 **30**분	18 **123**일

1 거울에 비친 시계는 오른쪽과 왼쪽이 바뀐 모양이
므로 이 시계가 가리키는 시각은 **5**시 **25**분입니다.
오후 **3**시 **30**분 $\xrightarrow{\text{1시간 후}}$ 오후 **4**시 **30**분
$\xrightarrow{\text{55분 후}}$ 오후 **5**시 **25**분
따라서 한솔이가 책을 모두 읽는 데 걸린 시간은
1시간 **55**분＝**1**시간＋**55**분＝**60**분＋**55**분
＝**115**분입니다.

2 시각을 차례로 써 보면
12시 **30**분 → **12**시 **50**분 → **1**시 **10**분
→ **1**시 **30**분으로 **20**분씩 늘어나는 규칙입니다.
따라서 마지막에 있는 시계가 가리키는 시각은
1시 **30**분에서 **20**분 후인 **1**시 **50**분입니다.

3 **11**시와 **1**시도 원래 시계가 가리키는 시각과 거울
에 비친 시계가 가리키는 시각이 **2**시간 차이가 납
니다.

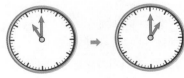

4 첫 번째 고속버스 : 오전 **6**시, 두 번째 고속버스 : 오전 **6**시 **40**분, 세 번째 고속버스 : 오전 **7**시 **20**분, 네 번째 고속버스 : 오전 **8**시, 다섯 번째 고속버스 : 오전 **8**시 **40**분, 여섯 번째 고속버스 : 오전 **9**시 **20**분, 일곱 번째 고속버스 : 오전 **10**시

따라서 **10**시 **30**분 이전에는 모두 **7**대가 출발합니다.

5 **6**월 **12**일 오후 **9**시부터 **6**월 **16**일 오후 **9**시까지는 **4**일이고, **6**월 **16**일 오후 **9**시부터 **6**월 **17**일 오전 **9**시까지는 **12**시간입니다.

하루에 **10**분씩 늦어지므로 **12**시간 동안 **5**분이 늦어집니다.

석기의 시계는 **4**일 동안 **40**분이 늦어지고, **12**시간 동안 **5**분이 늦어지므로 **6**월 **17**일 오전 **9**시에는 **45**분 늦어진 시각인 오전 **8**시 **15**분을 가리킵니다.

6 **2**시 **25**분 ➡ **1**시 **35**분 ➡ **2**시 **15**분 ➡

    50분 전   40분 후   50분 전

1시 **25**분 ➡ **2**시 **5**분 ➡ **1**시 **15**분

    40분 후   50분 전

따라서 마지막 시계에는 **1**시 **15**분을 가리키도록 나타냅니다.

7 **10**월 **18**일 낮 **12**시 —3일 후→ **10**월 **21**일 낮 **12**시
상연이네 시계는 **3**일 후엔 **30**분 빠른 **12**시 **30**분을 가리키고 있고, 지혜네 시계는 **3**일 후엔 **36**분 느린 **11**시 **24**분을 가리키고 있습니다. 따라서 두 시계가 가리키고 있는 시각의 차이는 **66**분입니다.

> ✱ **다른** 풀이
>
> 두 시계는 하루에 **22**분씩 차이가 납니다. 따라서 **3**일 후에는 **66**분 차이가 납니다.

8 거울에 비친 모양을 바로 그리면 그림과 같습니다.

거울에 비친 시계   원래 시계

원래 시계의 모양에서 오른쪽 바늘이 시침이 되면 분침은 **12**를 가리켜야 하므로 오른쪽 바늘은 시침

이 아니라 분침이고, 아래쪽 바늘이 시침입니다.
따라서 이 시계가 가리키는 시각은 **6**시 **15**분입니다.

9

DVD	1편	2편	3편	4편
시작하는 시각	8시 50분	9시 45분	10시 40분	11시 35분
끝나는 시각	9시 30분	10시 25분	11시 20분	12시 15분

따라서 DVD **4**편을 모두 보았을 때의 시각은 **12**시 **15**분입니다.

10 **8**도막으로 자르려면 **7**번 잘라야 합니다.
통나무를 **8**도막으로 모두 자르는 데 걸린 시간은
15+**15**+**15**+**15**+**15**+**15**+**15**=**105**(분)
이고 **5**분씩 **3**번 쉬었으므로
105+**15**=**120**(분)입니다.

9시 **30**분 —2시간 후→ **11**시 **30**분입니다.

11 오전 **8**시 **12**분 ──긴바늘 3바퀴/3시간 후──→ 오전 **11**시 **12**분

──긴바늘 반바퀴/30분 후──→ 오전 **11**시 **42**분

──짧은바늘 반바퀴/6시간 후──→ 오후 **5**시 **42**분

12 안방 시계가 **2**시를 가리키고 있으므로 정확한 시각은 **2**시보다 **2**시간 **30**분이 느린 **11**시 **30**분입니다.

또한 거실 시계는 정확한 시각보다 **1**시간 **30**분이 느리므로 **11**시 **30**분보다 **1**시간 **30**분이 느린 **10**시를 나타내고 있습니다.

13 **10**월은 **31**일까지 있으므로 **10**월 **28**일부터 **11**월 **5**일까지는 **8**일 후입니다.
8일 후에 예나는 **5**×**8**=**40**(분) 더 늦게 일어나고 형석이는 **10**×**8**=**80**(분) 더 빨리 일어났으므로 형석이는 예나보다 **40**+**80**=**120**(분) 더 빨리 일어났습니다.

14 **8**시 **59**분은 **8**+**5**+**9**=**22**이므로 처음으로 숫자의 합이 **23**이 되는 시각을 알아보면 **9**시 **59**분(**9**+**5**+**9**=**23**)입니다.
두 번째로 **23**이 되는 시각은 **18**시 **59**분(**1**+**8**+**5**+**9**=**23**)이므로 **9**시 **59**분부터 **18**시 **59**분까지 걸린 시간은 **9**시간입니다.

15 긴바늘이 한 바퀴 도는 데 걸리는 시간이 **48**분이므로 한 눈금 움직이는 데 걸리는 시간은 **6**분

이고, 짧은바늘이 한 눈금 움직이는 데 걸리는 시간은 **48**분입니다.

유승이가 등산을 하는 동안 짧은바늘은 **2**눈금 움직이고 긴바늘은 **7**눈금 움직였으므로 등산하는 데 걸린 시간은

48＋48＋6×7＝96＋42＝138(분)입니다.

16 뉴욕 시각은 한국 시각보다 **13**시간 느리므로 뉴욕 시각으로 **9**월 **18**일 오전 **9**시 **15**분은 한국 시각으로 **9**월 **18**일 오후 **10**시 **15**분입니다.

오전 **9**시 **40**분에서 **12**시간을 더하면 오후 **9**시 **40**분이고 여기에 **35**분을 더하면 오후 **10**시 **15**분이므로 비행 시간은 **12**시간 **35**분입니다.

17 독서를 한 시간이 **1**시간 **30**분(＝**90**분) 동안이므로 **6**시를 기준으로 **90**분의 절반인 **45**분만큼 이전 시간과 이후 시간을 구합니다.

➡ 독서를 시작한 시각 : 오후 **6**시에서 **45**분 전 이므로 오후 **5**시 **15**분입니다.

➡ 독서를 끝낸 시각 : 오후 **6**시에서 **45**분 후이므로 오후 **6**시 **45**분입니다.

독서를 끝낸 시각이 오후 **6**시 **45**분이고 운동을 **45**분 동안 하였으므로 운동을 하고 난 후의 시각은 오후 **6**시 **45**분 $\xrightarrow{15분 후}$ 오후 **7**시 $\xrightarrow{30분 후}$ 오후 **7**시 **30**분입니다.

18 수빈이의 생일인 **9**월 셋째 수요일은

1＋7＋7＝15(일)입니다.

9월은 **30**일까지 있으므로 수빈이의 생일로부터 **9**월 마지막 날까지 **15**일이 더 있고, **10**월은 **31**일까지, **11**월은 **30**일까지, **12**월은 **31**일까지 있으며, 유승이의 생일은 **1**월 **16**일입니다.

따라서 유승이의 생일은 수빈이의 생일보다

15＋31＋30＋31＋16＝123(일) 뒤입니다.

Jump 5 영재교육원 입시대비문제   **100**쪽

| 1 | 오후 **1**시 **55**분 | 2 | **1**시간 **5**분 |

1 유승이가 파리 샤를드골 공항에 도착할 때 우리나라의 시각은 다음과 같습니다.

오전 **9**시 **35**분 $\xrightarrow{12시간 후}$ 오후 **9**시 **35**분 $\xrightarrow{20분 후}$ 오후 **9**시 **55**분

파리의 시각은 서울의 시각보다 **8**시간이 늦으므로 파리 샤를드골 공항에 도착했을 때 프랑스 파리의 시각은

오후 **9**시 **55**분 $\xrightarrow{8시간 전}$ 오후 **1**시 **55**분입니다.

2 거울에 비친 시계는 오른쪽과 왼쪽이 바뀐 것이므로 시계가 가리키는 시각은 **1**시 **35**분입니다.

오후 **12**시 **30**분 $\xrightarrow{1시간 후}$ 오후 **1**시 **30**분 $\xrightarrow{5분 후}$ 오후 **1**시 **35**분

따라서 영수가 수학 공부를 한 시간은 **1**시간 **5**분 입니다.

5 표와 그래프

102쪽

1 풀이 참조　　　2 **3**명
3 딸기

1　좋아하는 과일별 학생 수

과일	사과	딸기	바나나	귤	배	합계
학생 수 (명)	3	5	2	4	4	18

2 사과를 좋아하는 학생은 가영, 지현, 미란이로 모두 **3**명입니다.

3 딸기를 좋아하는 학생이 **5**명으로 가장 많습니다.

103쪽

핵심 응용　풀이 지우개, 지우개, **5**, **3**, **4**, **3**, **5**, **3**, **4**, **13**, **13**

답 ㉠ 지우개, ㉡ **3**, ㉢ **13**,

확인 **1** (1) **17**일　(2) 맑은 날, **11**일

1 (1) **6**월은 **30**일까지 있으므로 맑은 날은
30−7−6＝23−6＝17(일)입니다.

(2) 맑은 날은 **17**일이고 비 온 날은 **6**일이므로 맑은 날이 비 온 날보다 **17−6＝11**(일) 더 많습니다.

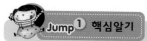

104쪽

1 풀이 참조　　　2 풀이 참조

1　좋아하는 색별 학생 수

색	노랑	빨강	보라	초록	파랑	합계
학생 수 (명)	7	5	2	6	4	24

2　좋아하는 색별 학생 수

7	○				
6	○			○	
5	○	○		○	
4	○	○		○	○
3	○	○		○	○
2	○	○	○	○	○
1	○	○	○	○	○
학생 수 (명) ＼ 색	노랑	빨강	보라	초록	파랑

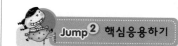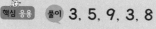

105쪽

핵심 응용　풀이 **3**, **5**, **9**, **3**, **8**

답

학생 수(명) ＼ 계절	1	2	3	4	5	6	7	8	9
봄	○	○	○	○	○				
여름	○	○	○	○	○	○	○	○	○
가을	○	○	○						
겨울	○	○	○	○	○	○	○	○	

확인 **1** 풀이 참조

1　좋아하는 주스별 학생 수

주스	사과	포도	오렌지	키위	토마토	합계
학생 수 (명)	5	6	10	2	1	24

좋아하는 주스별 학생 수

학생수 (명) ＼ 주스	1	2	3	4	5	6	7	8	9	10
사과	○	○	○	○	○					
포도	○	○	○	○	○	○				
오렌지	○	○	○	○	○	○	○	○	○	○
키위	○	○								
토마토	○									

석기네 반 학생은 **24**명입니다.
(포도 주스를 좋아하는 학생 수)
＝**24−5−10−2−1＝6**(명)

Jump ① 핵심알기 　　　　　106쪽

| 1 표 | 2 그래프 |

1 전체 자료의 수는 표를 보면 쉽게 알 수 있습니다.

2 그래프는 개수를 세지 않고도 가장 많은 것과 가장 적은 것을 쉽게 알 수 있습니다.

Jump ② 핵심응용하기 　　　　　107쪽

 풀이 **26, 3, 8, 8, 굴렁쇠, 3, 팽이치기**
 답 굴렁쇠, 팽이치기
확인 **1** 풀이 참조

1 　　　　　성씨별 학생 수

성씨	김	이	박	조	최	정	합계
학생 수 (명)	3	7	4	2	4	5	25

7		○				
6		○				
5		○				○
4		○	○		○	○
3	○	○	○		○	○
2	○	○	○	○	○	○
1	○	○	○	○	○	○
학생 수 (명) 　 성씨	김	이	박	조	최	정

조사한 학생이 **25**명이므로 조씨 성을 가진 학생은 **25−3−7−4−4−5=2**(명)입니다.

Jump ③ 왕문제 　　　　　108～113쪽

1 **4**학년	2 **7**개
3 **41**명	4 **1**일
5 흐림	
6 햇빛 마을, 은빛 마을, 금빛 마을, 달빛 마을, 별빛 마을	
7 **8**명	8 **4**명
9 **36**시간	10 **21**점
11 웅이, **3**점	12 **10**번
13 풀이 참조	14 **64**점
15 **107**권	16 **2**명
17 여학생, **4**명	
18 ㉮ **24**, ㉯ **15**, ㉰ **49**	
19 망고 : **6**명, 귤 : **8**명	
20 풀이 참조	
21 **12**점	22 **22**점
23 **18**권	24 대한민국
25 풀이 참조	26 **4**위

1 학년별로 금상, 은상, 동상의 수를 더해 봅니다.
1학년 : **7＋3＋1＝11**(개),
2학년 : **6＋4＋5＝15**(개),
3학년 : **9＋10＋3＝22**(개)
4학년 : **11＋13＋6＝30**(개),
5학년 : **10＋7＋12＝29**(개),
6학년 : **4＋8＋14＝26**(개)
따라서 가장 많은 상을 받은 학년은 **4**학년입니다.

2 ·금상을 가장 많이 받은 학년 : **4**학년
➡ **4**학년의 금상 수 : **11**개
·금상을 가장 적게 받은 학년 : **6**학년
➡**6**학년의 금상 수 : **4**개
따라서 금상 수의 차는 **11−4＝7**(개)입니다.

3 **1＋5＋3＋6＋12＋14＝41**(명)

4 비 온 날 : **3**일, 눈 온 날 : **2**일
따라서 비 온 날이 눈 온 날보다 **3−2＝1**(일) 더 많습니다.

5 조사한 것을 보고 **26**일의 날씨를 빼고 날씨별 날수를 알아봅니다.
맑음 : **10**일, 흐림 : **5**일, 비 : **7**일, 눈 : **5**일
표와 비교하면 흐린 날의 수가 **1**일이 적으므로 **26**일의 날씨는 흐림입니다.

6 금빛 마을에 사는 학생 수는
$25-7-4-3-6=5$(명)이므로 햇빛, 은빛, 금빛, 달빛, 별빛 마을의 순서로 학생들이 많이 삽니다.

7 금빛 마을에 사는 학생 수 : 5명,
별빛 마을에 사는 학생 수 : 3명
따라서 금빛 마을과 별빛 마을에 사는 학생은 모두 $5+3=8$(명)입니다.

8
텔레비전을 시청한 시간

시청한 시간	안 봄	1시간	2시간	3시간	합계
학생 수(명)	4	10	7	4	25

지혜네 반 전체 학생이 25명이므로 텔레비전을 시청하지 않은 학생은 $25-10-7-4=4$(명)입니다.

9 텔레비전을 시청하지 않은 학생은 제외합니다. 텔레비전을 2시간 시청한 학생이 7명이므로 시청한 시간은 $2\times7=14$(시간)이고, 3시간 시청한 학생이 4명이므로 시청한 시간은 $3\times4=12$(시간)입니다.
따라서 지혜네 반 학생들이 텔레비전을 시청한 시간은 모두 $10+14+12=36$(시간)입니다.

10 한초는 가영이보다 고리를 $9-6=3$(개) 더 많이 걸었습니다.
따라서 가영이와 한초의 점수 차이는
$7\times3=21$(점)입니다.

11 ·웅이의 점수 :
$(0\times2)+(1\times3)+(3\times1)+(5\times4)$
$=0+3+3+20=26$(점)
·석기의 점수 :
$(0\times1)+(1\times3)+(3\times5)+(5\times1)$
$=0+3+15+5=23$(점)
따라서 웅이가 $26-23=3$(점) 더 많이 얻었습니다.

12 번호를 보고 가장 많은 ×가 있는 것을 찾으면 10번 문제입니다.

13
학생별 수학 점수

이름	석기	신영	효근	예슬
점수(점)	60	80	40	70

석기 : 6문제 ➡ 60점, 신영 : 8문제 ➡ 80점,
예슬 : 7문제 ➡ 70점

14 예슬이가 맞힌 문제 : 7문제 ➡ 70점,
예슬이가 틀린 문제 : 3문제 ➡ 6점
따라서 예슬이의 점수는 $70-6=64$(점)입니다.

15
학생들이 가지고 있는 책의 수

이름	한솔	상연	용희	웅이	규형	합계
책의 수(권)	13	29	24	19	22	107

(용희가 가지고 있는 책의 수)$=19+5=24$(권)
따라서 학생들이 가지고 있는 책은 모두
$13+29+24+19+22=107$(권)입니다.

16
요일별 지각한 학생 수

성별＼요일	월	화	수	목	금	합계
남학생(명)	6		㉣	4	6	
여학생(명)	5	7	㉢	㉠	㉡	30
합계		15	5	12	13	56

$㉠=12-4=8$,
$㉡=13-6=7$,
$㉢=30-5-7-8-7=3$,
$㉣=5-3=2$
따라서 수요일에 지각한 남학생은 2명입니다.

17 지각한 남학생의 합계는 $56-30=26$(명)입니다. $30-26=4$(명)이므로 여학생이 4명 더 많이 지각했습니다.

18
좋아하는 우유별 학생 수

반＼우유	딸기	바나나	초코	합계
1반	6	8	㉠	㉮
2반	7	㉡	11	25
합계		㉯	21	㉰

$㉠=21-11=10$,
$㉡=25-7-11=7$,
$㉮=6+8+10=24$,
$㉯=8+7=15$,
$㉰=24+25=49$

19 망고와 귤을 좋아하는 학생 수는
$38-13-11=14$(명)입니다. 망고를 좋아하는 학생 수를 □라고 하면 귤을 좋아하는 학생 수는 □$+2$입니다. 망고와 귤을 좋아하는 학생 수는 □$+$□$+2=14$, □$+$□$=12$, □$=6$(명)이므로 망고를 좋아하는 학생 수는 6명이고 귤을 좋아하는 학생 수는 8명입니다.

20

좋아하는 과일별 학생 수

학생 수 (명) 과일	1	2	3	4	5	6	7	8	9	10	11	12	13
딸기	○	○	○	○	○	○	○	○	○	○	○	○	○
배	○	○	○	○	○	○	○	○	○	○			
망고	○	○	○	○	○	○							
귤	○	○	○	○	○	○	○						

21 웅이가 맞힌 문제 : **5**문제
석기가 맞힌 문제 : **7**문제
따라서 석기가 $7-5=2$(문제) 더 맞혔으므로 점수의 차는 $6\times2=12$(점)입니다.

22 웅이 : $(8\times5)-(3\times5)=25$(점)
석기 : $(8\times7)-(3\times3)=47$(점)
따라서 점수의 차는 $47-25=22$(점)입니다.

23 한초, 지혜가 읽은 책 수의 합은

$62-27-15=20$(권)

이므로 오른쪽과 같이 한초와 지혜가 읽은 책을

한초	10	11
지혜	10	9
합	20	20
차	0	2

예상하여 보면 한초는 **11**권, 지혜는 **9**권을 읽었습니다.
가장 많이 읽은 사람은 효근이고 가장 적게 읽은 사람은 지혜이므로 책 수의 차는
$27-9=18$(권)입니다.

24 일본 : **9**개, 미국 : **7**개, 대한민국 : **14**개,
독일 : $36-15-10=11$(개)
따라서 대한민국이 동메달을 가장 많이 땄습니다.

25

나라별 딴 금메달 수

메달 수 (개) 나라	1	2	3	4	5	6	7	8	9	10	11	12	13	14	15
일본	○	○	○	○	○	○									
미국	○	○	○	○	○	○	○	○	○	○					
대한민국	○	○	○	○	○	○	○	○	○	○	○				
독일	○	○	○	○	○	○	○	○	○	○	○	○	○	○	○

대한민국의 금메달 수 : $35-10-14=11$(개)

26 나라별 딴 은메달 수를 비교해 봅니다.
일본 : $29-6-9=14$(개), 미국 : **8**개,
대한민국 : **10**개, 독일 : **10**개
➡ 은메달을 가장 많이 딴 나라는 일본입니다.
일본은 금메달 **6**개를 따서 전체 순위는 **4**위입니다.

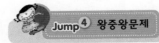

1 풀이 참조	**2** 4일
3 2	**4** 풀이 참조
5 4명	**6** 11명
7 90	
8 야구 : 6명, 배구 : 3명, 수영 : 8명	
9 풀이 참조	**10** 풀이 참조
11 웅이 : 17점, 석기 : 12점	
12 174개	**13** 5
14 62	**15** 100
16 5번	**17** 26개
18 362개	**19** 23점

1

월별 운동한 날 수

날수(일) 월	1	2	3	4	5	6
8			○			
7			○		○	
6	○		○		○	○
5	○		○	○	○	○
4	○	○	○	○	○	○
3	○	○	○	○	○	○
2	○	○	○	○	○	○
1	○	○	○	○	○	○

2월과 5월에 운동한 날수는
$36-6-8-5-6=11$(일)입니다.
2월에 운동한 날수를 □라고 하면 5월에 운동한 날수는 □+3입니다.
$□+□+3=11$, $□+□=8$, $□=4$(일)이므로
2월에 운동한 날은 **4**일이고 5월에 운동한 날은
$4+3=7$(일)입니다.

2 가장 많이 운동한 달은 3월이고 가장 적게 운동한 달은 2월입니다.
따라서 운동한 날의 차는 $8-4=4$(일)입니다.

3 효근이의 고리가 걸리지 않은 횟수가 **3**번이므로 고리가 걸린 횟수는 **3**번입니다.
따라서 규형이의 고리가 걸린 횟수는
$9-2-3=4$(번)이고, 고리가 걸리지 않은 횟수는 $6-4=2$(번)입니다.

4

학생별 고리 던지기 결과

횟수(번) 이름	동민	규형	효근	합계
걸린 횟수	2	4	3	9
걸리지 않은 횟수	4	2	3	9
합계	6	6	6	18

5

여행하고 싶어 하는 나라별 학생 수

나라	미국	중국	일본	합계
남학생 수(명)	3	5	7	15
여학생 수(명)	6	8	3	17

(일본을 여행하고 싶어 하는 여학생 수)
$=17-6-8=3$(명)

(웅이네 반 남학생 수)$=32-17=15$(명),

(일본을 여행하고 싶어 하는 남학생 수)
$=15-3-5=7$(명)

따라서 일본을 여행하고 싶어 하는 남학생은 여학생보다 $7-3=4$(명) 더 많습니다.

6

좋아하는 색깔별 학생 수

색깔	빨간색	초록색	노란색	파란색	보라색
학생 수(명)	4	10	7	4	25

(노란색과 보라색을 좋아하는 학생 수)
$=36-3-10-6=17$(명)

노란색을 좋아하는 학생 수를 □라고 하면 보라색을 좋아하는 학생 수는 □-5입니다.

따라서 □$+$□$-5=17$, □$+$□$=22$,
□$=11$(명)이므로 노란색을 좋아하는 학생은 11명입니다.

7

학년별 학생 수

학년	1	2	3	4	5	6	합계
남(명)	60	50		50	60	50	
여(명)	50	70	60		㉮		
합계(명)	㉠	㉡	120	110	㉢	110	720

㉠$=60+50=110$, ㉡$=50+70=120$
㉢$=720-110-120-120-110-110$
$=150$

따라서 ㉮$=150-60=90$입니다.

8 야구, 배구, 수영을 좋아하는 학생 수의 합은
$30-8-5=17$(명)입니다.

배구를 좋아하는 학생 수를 □라고 하면
야구를 좋아하는 학생 수는 □$+3$,
수영을 좋아하는 학생 수는 □$+3+2$이므로
□$+$□$+3+$□$+3+2=17$,
□$+$□$+$□$=9$, □$=3$입니다.

그러므로 야구는 6명, 배구는 3명, 수영은 8명입니다.

9

좋아하는 운동별 학생 수

학생 수 (명) 운동	1	2	3	4	5	6	7	8
야구	○	○	○	○	○	○		
축구	○	○	○	○	○	○	○	○
농구	○	○	○	○				
배구	○	○						
수영	○	○	○	○	○	○	○	○

10 (웅이가 영수와 비긴 횟수)$=15-7-5=3$(번)
(석기가 영수를 이긴 횟수)$=15-5-8=2$(번)

가위바위보를 한 결과

8				○
7	○			○
6	○			○
5	○	○		○
4	○	○		○
3	○	○	○	○
2	○	○	○	○
1	○	○	○	○
횟수 (번) 이름	이긴 횟수	진 횟수	비긴 횟수	이긴 횟수

(웅이 / 석기 구분: 이긴 횟수, 진 횟수, 비긴 횟수, 이긴 횟수, 진 횟수, 비긴 횟수)

11 웅이가 이긴 횟수는 7번이므로 $7\times2=14$(점),
비긴 횟수는 3번이므로 3점입니다.

➡ $14+3=17$(점)

석기가 이긴 횟수는 2번이므로 $2\times2=4$(점),
비긴 횟수는 8번이므로 8점입니다.

➡ $4+8=12$(점)

따라서 웅이와 석기가 받은 점수는 각각 17점, 12점입니다.

12 $183>18$□$>$□>1□$3>167$에서
효진이는 $183>18$□>1□$3>167$이므로
173개의 구슬을 가지고 있고,
한솔이는 18□$>$□>173이므로 적어도
174개의 구슬을 가지고 있습니다.

13 $21+23+22+20+$㉠$+25=134$, ㉠$=23$
$24+22+20+$㉡$+21+24=131$, ㉡$=20$
$22+21+$㉢$+23+22+24=137$, ㉢$=25$
㉠, ㉡, ㉢에 들어갈 수 중 가장 큰 수는 25이고 가장 작은 수는 20이므로 $25-20=5$입니다.

14 햄버거를 좋아하는 남학생은 $18-7=11$(명)이므로 2학년 남학생은 모두
$8+11+6+9=34$(명)입니다.

따라서 ㉮$=$(남학생 수)$+$(여학생 수)
$=34+28=62$입니다.

15 주사위의 눈이 **3**이 나온 횟수를 □, 주사위의 눈이 **5**가 나온 횟수를 △라고 하면
3+5+□+7+△+5=27, **□+△=7**입니다. 이때 △가 □보다 **1** 크므로 **□=3**, **△=4**입니다.
따라서 주사위를 던져서 나온 눈의 수를 모두 더하면
1×3+2×5+3×3+4×7+5×4+6×5
=100입니다.

16 **3**점이 **2**번, **9**점이 **3**번이므로 **1**점과 **6**점을 맞힌 횟수는 **12−2−3=7**(번)입니다.
또한 **1**점과 **6**점을 맞힌 점수의 합은
65−3×2−9×3=32(점)입니다.
6점을 맞힌 횟수를 □라고 하면 **1**점을 맞힌 횟수는 **7−□**이므로
6×□+7−□=32, **5×□=25**, **□=5**입니다.

17 색깔별로 분류한 표를 보면 단추는 모두
35+19+23=77(개)입니다.
구멍이 **3**개인 단추를 □개라 하면 구멍이 **2**개인 단추는 (□+4)개입니다.
□+4+□+29=77, **□+□=44**, **□=22**입니다.
따라서 구멍이 **2**개인 단추는 **22+4=26**(개)입니다.

18 오리의 수와 돼지의 수를 더해 다음과 같은 표를 만들 수 있습니다.

오리나 돼지를 기르는 가구 수

돼지의 수 / 오리의 수	0(마리)	1(마리)	2(마리)	3(마리)	합계
0(마리)	1	3	4	2	10
1(마리)	2	1	3	3	9
2(마리)	1	3	4	2	10
3(마리)	4	2	3	1	10
합계	8	9	14	8	

이 표에서 돼지의 수는
9×1+14×2+8×3=9+28+24
        =61(마리),
오리의 수는
9×1+10×2+10×3=59(마리)이므로
다리의 수는 모두
(61+61+61+61)+(59+59)=362(개)입니다.

19 **8**회까지의 점수의 합은 유승 : **19**점, 수빈 : **19**점, 형석 : **16**점, 예나 : **18**점입니다.
• 형석이의 **10**번의 총점이 **24**점이므로 남은 두 번의 게임에서 **8**점을 얻어 **1**등 **1**번, **2**등 **1**번을 하였습니다.
• 유승이가 가장 많은 점수를 얻었으므로 **24**점보다 많아야 하고 **24−19=5**(점)보다 많아야 합니다.
따라서 유승이는 **1**등과 **2**등, 또는 **1**등과 **3**등을 할 수 있습니다.
• 수빈이는 남은 두 게임에서 **4**등을 하지 않았으므로 예나가 나머지 두 번을 모두 **4**등을 하여 총점이 **18**점입니다.

예	유승	수빈	형석	예나
8번까지 점수의 합	19	19	16	18
9회			5	0
10회			3	0
총점			24	18

수빈이는 예나보다 **5**점이 더 많으므로
18+5=23(점)입니다.

Jump 5 영재교육원 입시대비문제   120쪽

1 (1) 풀이 참조 (2) **3**명 (3) **11**명

1 (1)

		존경하는 위인별 학생 수			

위인	세종대왕	유관순	허준	이순신	합계
남학생 수 (명)	7	2	3	6	18
여학생 수 (명)	4	5	5	4	18
합계	11	7	8	10	36

학생 수 (명)	10	9	8	7	6	5	4	3	2	1
세종대왕 남학생				○	○	○	○	○	○	○
세종대왕 여학생							○	○	○	○
유관순 남학생									○	○
유관순 여학생						○	○	○	○	○
허준 남학생								○	○	○
허준 여학생						○	○	○	○	○
이순신 남학생							○	○	○	○
이순신 여학생					○	○	○	○	○	○

(세종대왕을 존경하는 학생 수)=**7**+**4**=**11**(명)

(유관순을 존경하는 여학생 수)=**7**−**2**=**5**(명)

(전체 남학생 수)=**36**−**18**=**18**(명)

(이순신을 존경하는 남학생 수)=**18**−**7**−**2**−**3** =**6**(명)

(이순신을 존경하는 학생 수)=**6**+**4**=**10**(명)

(허준을 존경하는 학생 수)=**36**−**11**−**7**−**10** =**8**(명)

(허준을 존경하는 여학생 수)=**8**−**3**=**5**(명)

(2) 세종대왕 : **11**명, 허준 : **8**명

따라서 세종대왕을 존경하는 학생은 허준을 존경하는 학생보다 **11**−**8**=**3**(명) 더 많습니다.

(3) 허준을 존경하는 여학생 : **5**명,

이순신을 존경하는 남학생 : **6**명

따라서 허준을 존경하는 여학생과 이순신을 존경하는 남학생은 모두 **5**+**6**=**11**(명)입니다.

Jump 1 핵심알기   122쪽

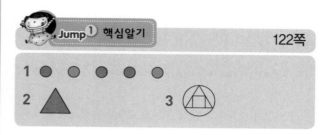

1 초록색, 빨간색, 파란색이 반복되므로 ○ 안에는 파란색, 초록색, 빨간색, 파란색, 초록색을 칠합니다.

2 △, □, ○ 모양이 반복되고 빨간색, 초록색이 반복되는 규칙입니다.

3 가 반복되는 규칙입니다.

Jump 2 핵심응용하기   123쪽

핵심 응용   풀이   **1, 6, 6, 4, 4, 6, 4, 24**

답   **24**개

확인 1 예

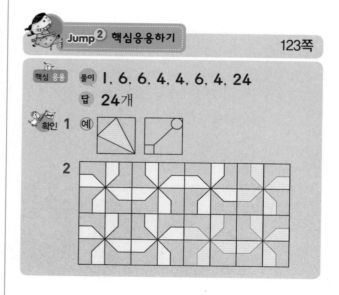

Jump 1 핵심알기   124쪽

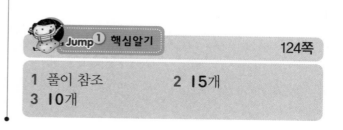

1 풀이 참조   2 **15**개

3 **10**개

1 ⑩ I층에 5개, 2층에 3개, 3층에 I개를 쌓았으므로 위층으로 갈수록 2개씩 적게 쌓았습니다.

2 가장 높은 층의 쌓기나무가 I부터 시작하여 아래로 갈수록 I개씩 늘어납니다.
I+2+3+4+5=15(개)

3 I층에 있는 쌓기나무가 I개씩 늘어나는 규칙이므로, 세 번째는 7개, 네 번째는 8개, 다섯 번째는 9개, 여섯 번째는 10개입니다.

2 15가 3군데, 17이 2군데, 19가 I군데이므로 모두 3+2+I=6(군데)입니다.

3 ⑩ • ╱ 방향으로 같은 수들이 있습니다.
• ╲ 방향으로 4씩 커지는 규칙이 있습니다.
• → 방향으로 2씩 커지는 규칙이 있습니다.
• ↓ 방향으로 2씩 커지는 규칙이 있습니다.

Jump 2 핵심응용하기 125쪽

핵심 응용 풀이 7, 2, 2, 2, 18, 18, 19
답 19개
확인 1 25개   2 16개

1 첫 번째 : I개, 두 번째: 2×2=4(개),
세 번째 : 3×3=9(개),
네 번째 : 4×4=16(개),
다섯 번째 : 5×5=25(개)

2 ㉠+㉡=3+I=4, ㉢+㉣=3+I=4,
㉤+㉥=3+I=4, ㉦+㉧=3+I=4이므로
㉧부분까지 쌓은 개수는 모두
4+4+4+4=16(개)입니다.

Jump 1 핵심알기 126쪽

1 풀이 참조   2 6군데
3 풀이 참조

1

+	1	3	5	7	9
2	3	5	7	9	11
4	5	7	9	11	13
6	7	9	11	13	15
8	9	11	13	15	17
10	11	13	15	17	19

Jump 2 핵심응용하기 127쪽

핵심 응용 풀이 25, 40, 20, 20, 40, 20, 45, 15, 40, 20, 45, 25, 25, 50
답 ㉠ 40, ㉡ 40, ㉢ 45, ㉣ 40, ㉤ 45, ㉥ 50
확인 1 풀이 참조   2 풀이 참조

1

+	3	4㉣	5	6㉤	7
3㉠	6	7	8	9	10
4	7	8	9	10	11
5㉡	8	9	10	11	12
6	9	10	11	12	13
7㉢	10	11	12	13	14

㉠=6-3=3,
㉡=10-5=5,
㉢=14-7=7,
㉣=8-4=4,
㉤=12-6=6

2 ⑩ • ╲ 방향으로 2씩 커지는 규칙이 있습니다.
• 오른쪽(또는 아래쪽)으로 가면서 홀수, 짝수(또는 짝수, 홀수)가 반복되는 규칙이 있습니다.
• ╲ 방향에 있는 6부터 14까지 직선을 그어 접으면 서로 같은 수끼리 만납니다.

Jump 1 핵심알기 128쪽

1 풀이 참조   2 풀이 참조
3 풀이 참조

1

×	1	2	3	4	5
1	1	2	3	4	5
2	2	4	6	8	10
3	3	6	9	12	15
4	4	8	12	16	20
5	5	10	15	20	25

2 ⑩ 색칠한 부분에 넣을 수를 먼저 구한 후 나머지 빈칸을 채워 완성하였습니다.

3 ⑩ • 아래쪽(또는 오른쪽)으로 갈수록 일정한 수만큼 커집니다.

　• ↘ 방향에 있는 1에서 25까지 직선을 그어 접으면 서로 같은 수끼리 만납니다.

 Jump ② 핵심응용하기 129쪽

핵심 응용　풀이 6, 6, 16, 16, 24, 4, 24

답 16, 24, 4

확인 1
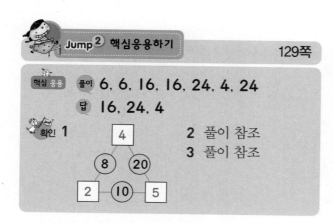

2 풀이 참조
3 풀이 참조

1 8=1×8=②×④, 10=1×10=②×⑤, 20=1×20=2×10=④×⑤

2 ㉠=7×7=49, ㉡=5×7=35

	5	6	7
5→			㉡
6→	30		42
7→	35	42	㉠

+7　+7

3

×	3	5	7	9
2	6	10	14	18
4	12	20	28	36
6	18	30	42	54
8	24	40	56	72

 **Jump ①** 핵심알기 130쪽

1~3 풀이 참조

1

일	월	화	수	목	금	토
		1	2	3	4	5	6

(달력)

일	월	화	수	목	금	토
		1	2	3	4	5	6
7	8	9	10	11	12	13
14	15	16	17	18	19	20
21	22	23	24	25	26	27
28	29	30	31			

⑩ 아래로 갈수록 7씩 커집니다.

2 ⑩ 왼쪽 위에서 오른쪽 아래로 갈수록 8씩 커집니다.

3 ⑩ 오른쪽 위에서 왼쪽 아래로 갈수록 6씩 커집니다.

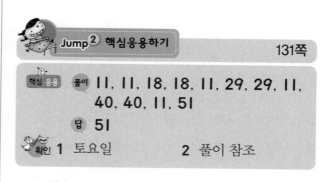 **Jump ②** 핵심응용하기 131쪽

핵심 응용　풀이 11, 11, 18, 18, 11, 29, 29, 11, 40, 40, 11, 51

답 51

확인 1 토요일　　2 풀이 참조

1 11월은 30일까지 있고, 11월 중 11월 30일과 같은 요일은 30−7=23(일), 23−7=16(일), 16−7=9(일), 9−7=2(일)이므로 11월 30일은 금요일입니다.

따라서 12월 1일은 토요일이고 7일 뒤인 12월 8일도 토요일입니다.

2 ⑩ • 각 줄에서 오른쪽으로 갈수록 1씩 커집니다.

　• 위, 아래에 있는 두 수의 차는 3입니다.

　• 왼쪽 아래에서 오른쪽 위 대각선 방향으로는 4씩 커집니다.

　• 오른쪽 아래에서 왼쪽 위 대각선 방향으로는 2씩 커집니다.

1 풀이 참조　　**2**

3 (1)　　(2)

4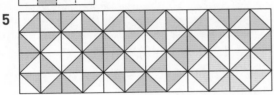

5

6 풀이 참조　　　　**7** 3개
8 36개　　　　　　**9** 42개
10 (1) 풀이 참조　(2) 풀이 참조
11 ㉠ 13, ㉡ 21
12 (1) 12　(2) 풀이 참조
13 (1) 풀이 참조　(2) 64　(3) 풀이 참조
14 (1) 풀이 참조　(2) 3개
15 일곱 번째　　　　**16** 34
17 월요일　　　　　**18** 69

1 예

2 시계 방향으로 한 칸씩 돌아가면서 색칠되는 규칙
입니다.

3 (1)

(2)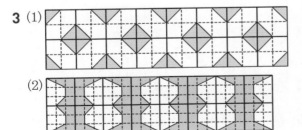

5 가로줄의 한가운데 선을 중심으로 아래로 접으면
꼭 맞게 겹쳐집니다.
이 외에도 여러 가지 규칙을 찾을 수 있습니다.

6 왼쪽 그림은 □ ▲ ★ 가 반복되는 규칙입니
다. 오른쪽 표는 □는 **4**, ▲는 **3**, ★은 **5**, 빈칸

은 **0**으로 바꾸어 써넣었으므로 **4**, **3**, **5**, **0**이 반
복되는 규칙입니다.

□	▲	★		□	▲	★
	□	▲	★		□	▲
★		□	▲	★		□

➡

4	3	5	0	4	3	5
0	4	3	5	0	4	3
5	0	4	3	5	0	4

7 오른쪽 모양이 반복되는 규
칙이고 **20**=(**3**×**6**)+**2**에
서 반복되는 구간의 두 번째 모양이므로 쌓기나무
3개로 만든 모양이 놓입니다.

8 첫 번째 : **1**, 두 번째 : **1**+**2**, 세 번째 : **1**+**2**+**3**,
네 번째 : **1**+**2**+**3**+**4**, ……이므로 여덟 번째
에 필요한 쌓기나무는
1+**2**+**3**+**4**+**5**+**6**+**7**+**8**=**36**(개)입니다.

9 오른쪽 모양이 반복되는 규
칙이고 사용된 쌓기나무
개수는 **2**+**3**+**2**=**7**(개)
씩입니다.
18=**3**×**6**이므로 열여덟 번째까지 이 모양들이
6번 반복됩니다. 따라서 쌓은 쌓기나무는 모두
7×**6**=**42**(개)입니다.

10 (1)

+	1	4	7	10
1	2	5	8	11
4	5	8	11	14
7	8	11	14	17
10	11	14	17	20

(2) 예 • 오른쪽 또는 아래쪽으로 갈수록 **3**씩 커
지는 규칙이 있습니다.
• ╱ 방향으로 같은 수들이 있습니다.
• ╲ 방향으로 **6**씩 커지는 규칙이 있습니다.
• ╲ 방향에 있는 **2**에서 **20**까지 직선을 그
어 접으면 서로 같은 수끼리 같습니다.

11

+		6	나		다
2	5			17	
가		10	㉠	16	
6			15	㉡	

가=**10**-**6**=**4**, 나=**15**-**6**=**9**이므로
㉠=**4**+**9**=**13**이고

다=**17**−**2**=**15**이므로 ㉡=**6**+**15**=**21**입니다.

12 (1) 가=**28**−**8**=**20**
　　나=**20**−**4**=**16**,
　　다=**28**+**8**=**36**,
　　라=**36**−**4**−**4**=**28**이므로
　　㉠=**28**−**16**=**12**입니다.

(2)
+	4	8	㉠
나16	가20	24	라28
20	24	28	32
24	28	32	다36

13 (1)
×	2	4	6	8
2	4	8	12	16
4	8	16	24	32
6	12	24	36	48
8	16	32	48	64

(3) 예 • 세로줄에서 아래쪽으로 갈수록 일정한 수만큼 커지는 규칙이 있습니다.
　　• 세로로(↓ 방향) 한 줄에 있는 수들은 가로에도 (→ 방향) 한 줄에 있습니다.
　　• ↘ 방향에 있는 **4**에서 **64**까지 직선을 그어 접으면 서로 같은 수끼리 만납니다.

14 (1)
	4↓	5↓	6↓	7↓
3→	12	15	18	21
4→	16	20	24	28
5→	20	25	30	35
6→	24	30	36	42

세로줄이나 가로줄에 있는 수들이 일정한 수만큼 커지는 규칙을 이용하여 빈칸을 채웁니다.

(2) **35**, **36**, **42**로 **3**개입니다.

15 쌓기나무가 **3**개씩 늘어나는 규칙입니다.
첫 번째에는 **3**개, 두 번째에는 **2**×**3**=**6**(개), 세 번째에는 **3**×**3**=**9**(개), ……가 사용되었습니다.
따라서 쌓기나무 **21**개가 사용된 모양은
3×**7**=**21**에서 일곱 번째임을 알 수 있습니다.

16 셋째 목요일 : **3**+(**7**×**2**)=**17**(일),
넷째 토요일 : **5**+(**7**×**3**)=**26**(일),
둘째 수요일 : **2**+**7**=**9**(일),
(셋째 목요일)+(넷째 토요일)=**17**+**26**=**43**
이므로 둘째 수요일의 날짜는 **43**−**9**=**34**(일)입

니다.

17 **10**월 **3**일이 화요일이고
3+**7**+**7**+**7**+**7**=**31**(일)도 화요일입니다.
11월 **1**일은 수요일이고
1+**7**+**7**+**7**+**7**=**29**(일)도 수요일이므로
11월 **30**일은 목요일입니다. **12**월 **1**일은 금요일
이고 **1**+**7**+**7**+**7**=**22**(일)이 금요일이므로
12월 **25**일은 월요일입니다.

18
	첫째	둘째	셋째	…								
가열	1	2	3	4	5	6	7	8	9	10	11	12
나열	13	14	15	16	17	18	19	20	21	22	23	24
⋮	25	26	27	28	29	30	31	32	33	34	35	36

세로로 **12**씩 커지는 규칙이 있으므로 **9**번 자리에서 ↓ 방향으로 **12**씩 뛰어 세기합니다. 가에서 바까지는 **12**씩 **5**번 뛰어 세기 하므로
9+**12**+**12**+**12**+**12**+**12**=**69**입니다.

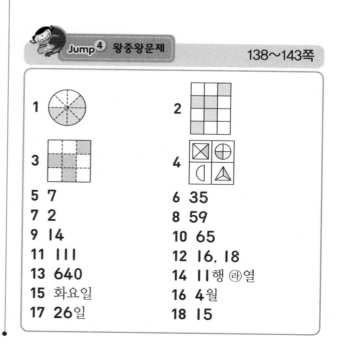

Jump 4 왕중왕문제　　138~143쪽

1		**2**	
3		**4**	
5 7		**6** 35	
7 2		**8** 59	
9 14		**10** 65	
11 111		**12** 16, 18	
13 640		**14** 11행 ㉭열	
15 화요일		**16** 4월	
17 26일		**18** 15	

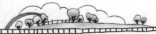

1 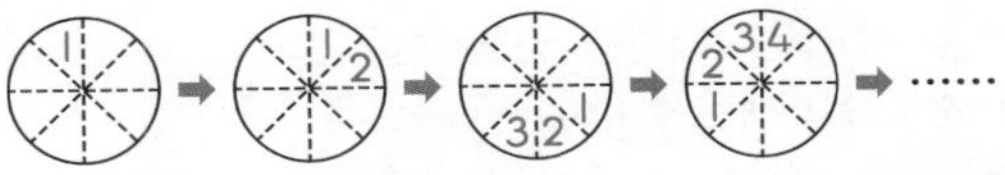

색칠하는 칸이 1개씩 늘어납니다. 이때 색칠하는 칸은 앞의 그림에서 (시계 방향으로 볼 때) 색칠하지 않은 첫 번째 칸부터 시작합니다.

2 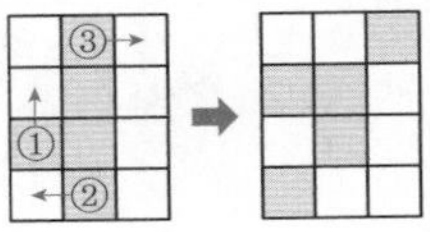

가운데 2개의 정사각형은 고정시키고 나머지 3개의 정사각형을 시계 방향으로 1칸씩 이동시키는 규칙입니다.

4 4개의 도형의 위치는 시계 반대 방향으로 회전하고, 사각형, 원, 삼각형의 색칠된 부분은 시계 방향으로 회전하는 규칙입니다.

5 첫 번째 그림에서 1에 색칠된 삼각형은 1칸씩 움직이고 3에 색칠된 삼각형은 2칸씩 움직이는 규칙입니다.

1 → 2 → 3 → 4

3 → 5 → 1 → 3

➡ 4+3=7

6 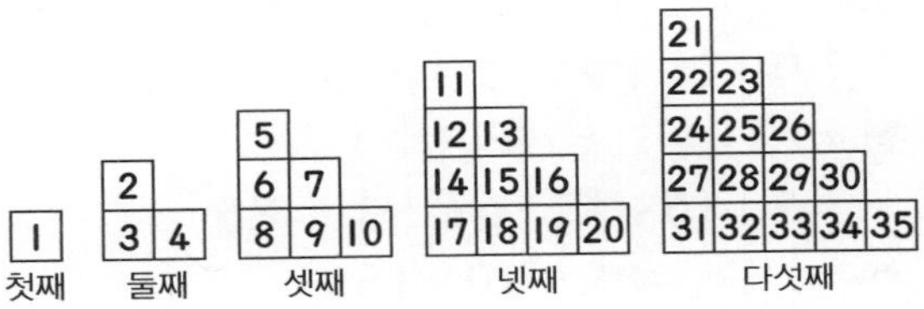

다른 풀이

주어진 모양에서 앞에서 보이는 면의 수는 1(개), 1+2=3(개), 1+2+3=6(개)이므로 네 번째 모양에는 1+2+3+4=10(개), 다섯 번째 모양에는 1+2+3+4+5=15(개)의 쌓기나무가 보입니다. 앞에서 보이는 면의 수만큼 1부터 차례대로 수를 써넣으므로 구해야 하는 가장 큰 수는 1+3+6+10+15=35입니다.

7

×	1	3	6	가 9
1	1	3	6	9
㉢ 2	2	6	12	㉡ 18
6	6	㉠ 18	36	54
8	8	24	48	72

6×가=54에서 가=9이고 ㉠=6×3=18이므로 ㉡=18입니다.
따라서 ㉢×9=18에서 ㉢=2입니다.

8 (△1)의 가로줄의 규칙을 살펴보면
1, 4(2×2), 9(3×3), 16(4×4), 25(5×5), ……이므로 (△1, ○8)=8×8=64입니다.
이때 △ 안의 수가 ○ 안의 수보다 작거나 같은 경우에는 (△1, ○)의 수부터 시작하여 아래로 내려갈수록 1씩 작아지므로
(△6, ○8)=64−5=59입니다.

9 (△1, ○5)=25, (△1, ○6)=36, (△1, ○7)=49이므로 (△8, ○1)=50입니다. 가로줄의 규칙을 살펴 보면 ○ 안의 수가 △ 안의 수보다 작거나 같은 경우에는 (△, ○1)의 수부터 시작하여 오른쪽으로 갈수록 1씩 커지므로 (△8, ○2)=51, (△8, ○3)=52, (△8, ○4)=53, (△8, ○5)=54, (△8, ○6)=55입니다. 따라서 (㉠, ㉡)=(8, 6)이고
㉠+㉡=8+6=14입니다.

10 8개의 빈칸에 ㉠, ㉡, ㉢, ㉣, ㉤, ㉥, ㉦, ㉧을 써넣으면 다음을 알 수 있습니다.

+	㉠	㉡	12
9	㉢	15	21
㉣	17	㉤	㉥
㉦	22	㉧	29

㉦+12=29에서 ㉦=17
17+㉠=22에서 ㉠=5
㉣+5=17에서 ㉣=12
9+㉡=15에서 ㉡=6
㉤=12+6=18,
㉥=12+12=24, ㉧=17+6=23
따라서 색칠된 빈칸에 들어갈 세 수의 합은
18+24+23=65입니다.

11 덧셈표는 오른쪽으로 갈수록 6씩 커지고 아래로 갈수록 2씩 커지는 규칙이 있습니다.
㉰=63−2−6−6=49
㉯=49−6−6+2=39
㉮=39−6−6−2−2=23
➡ ㉮+㉯+㉰=23+39+49=111

12 □의 양쪽에 있는 ○의 두 수의 합이 홀수이면 두 수의 합에 2를 곱한 수를 □ 안에 써넣고, 두 수의 합이 짝수이면 그 값을 □ 안에 써넣습니다.
- 2+㉡이 홀수일 때 (2+㉡)×2=14에서 ㉡=5이고, 4+5=9는 홀수이므로 ㉠=(4+5)×2=18입니다.
- 2+㉡이 짝수일 때 2+㉡=14에서 ㉡=12이고, 4+12=16은 짝수이므로 ㉠=16입니다.

13 그림과 같이 두 사각형이 있을 때 사각형의 각 꼭지점에는 ㉠+㉡=㉨, ㉡+㉢=㉭, ㉢+㉣=㉤, ㉣+㉠=㉥의 규칙으로 수를 써넣습니다.

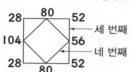

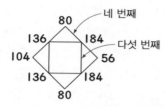

➡ 184+184+136+136=640

14 57의 일의 자리 숫자는 **7**이고, 일의 자리 숫자가 **7**인 수는 모두 ㉣열에 있습니다. **7**은 **1**행, **17**은 **3**행, **27**은 **5**행, ……이므로 **57**은 **11**행에 있습니다.
따라서 **57**은 **11**행 ㉣열에 있습니다.

15 **10**월 **29**일이 금요일이므로
29−7−7−7−7=1(일)도 금요일입니다.
따라서 **9**월 **30**일은 목요일입니다.
9월 **30**일이 목요일이므로
30−7−7−7−7=2(일)도 목요일입니다.
따라서 **8**월 **31**일은 화요일입니다.

16 한 달 전의 달력에서 **15**일이 수요일이었으므로 **22**일, **29**일도 수요일이고 금요일까지 있어야 하므로 한 달 전의 달은 **31**일까지 있습니다.
또한 **15−7=8**, **8−7=1**일도 수요일이므로 두 달 전의 마지막 날은 화요일입니다.
두 달 전의 달력에서 **23**일이 목요일이었으므로 **24**일(금), **25**일(토), **26**일(일), **27**일(월), **28**일(화)이고, 마지막 날이 **28**일이므로 두 달 전은 **2**월입니다.
두 달 전은 **2**월, 한 달 전은 **3**월이므로 주어진 달력은 **4**월입니다.

17 가장 작은 날짜를 □라고 하면
□+□+1+□+7+□+8=52
□×4=36, □=9
9일은 목요일이므로 첫 번째 일요일은

9−4=5(일)이고 네 번째 일요일은
5+7+7+7=26(일)입니다.

18 화요일과 금요일이 각각 **4**번씩 있으면 금요일은 화요일의 날짜보다 **3**만큼 크므로 금요일 날짜의 합이 화요일 날짜의 합보다
3+3+3+3=12만큼 큽니다.
그러나 ㉠과 ㉡의 차가 **13**이므로 화요일은 **4**번, 금요일은 **5**번 있습니다.

• **3**월 **1**일이 목요일이면 첫 번째 금요일이 **2**일이므로 ㉡−㉠=**12+2=14**입니다.
• **3**월 **1**일이 금요일이면 ㉡−㉠=**12+1=13**입니다.
➡ **3**월 **1**일은 금요일이므로
1+7+7+7+7=29(일)도 금요일이고
3월 **31**일은 일요일입니다.
4월 **1**일은 월요일이므로
1+7+7+7+7=29(일)도 월요일이고
4월 **30**일은 화요일입니다.
따라서 **5**월 **1**일은 수요일입니다.
㉢=(화요일의 날짜의 합)
=**7+14+21+28=70**
㉣=(금요일의 날짜의 합)
=**3+10+17+24+31=85**
➡ ㉣−㉢=**85−70=15**

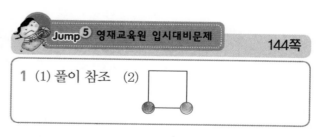

Jump⁵ 영재교육원 입시대비문제　　144쪽

1 (1) 풀이 참조　(2)

1 (1) 시계 방향으로 빨간색 — 노란색 — 초록색 — 보라색으로 칠합니다.
색을 첫째 번부터 넷째 번까지는 **1×1=1**(개), 다섯째 번부터 여덟째 번까지는 **2×2=4**(개), 아홉째 번부터 열둘째 번까지는 **3×3=9**(개) 칠합니다.

따라서 여섯째 번은 오른쪽 윗부분에 노란색으로 $2 \times 2 = 4$(개)를 칠하고 아홉째 번은 빨간색으로 $3 \times 3 = 9$(개)를 칠합니다.

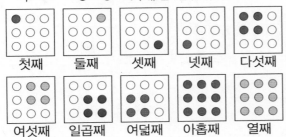

첫째	둘째	셋째	넷째	다섯째
여섯째	일곱째	여덟째	아홉째	열째

(2) 검은 구슬은 첫째~넷째, 다섯째~여덟째, 아홉째~열둘째, 열셋째~열여섯째 번에서 같은 자리에 있습니다.

빨간 구슬은 첫째, 다섯째, 아홉째, …… 번에서 같은 자리에 있고

초록 구슬은 둘째, 여섯째, 열째, …… 번에서 같은 자리에 있고

분홍 구슬은 셋째, 일곱째, 열한째, …… 번에서 같은 자리에 있고

노란 구슬은 넷째, 여덟째, 열둘째, …… 번에서 같은 자리에 있습니다.

검은 구슬이 움직이면서 다른 구슬과 겹치면 검은 구슬만 보입니다.

따라서 열넷째 번에서의 모양은 입니다.

MEMO

정답과
풀이